—漫畫—

解決問題的技術

四大步驟快速通關，一生受用的策略思考
也是解決問題最簡單的方法

マンガでやさしくわかる
問題解決

a Process of
Problem Solving

河瀨誠——著 梅屋敷mita——繪 謝承翰——譯

KAWASE MAKOTO

目次

第2章 擬定假設

本書登場人物

中海美帆 27 歲

老牌帆布製造公司——藏崎帆布，兄妹檔中的妹妹。賭上公司存亡，著手打造全新品牌。是重度兄控。

川奈真琴 35 歲

中海兄妹的青梅竹馬，東京創辦上市企業的女社長。條件優秀，但是有些特立獨行。從小就對中海健有好感。

中海健 35 歲

美帆的哥哥，原本在東京的大企業上班，之後因為妻子意外去世而返回老家，並出於某些原因而當上藏崎帆布的社長。

中海愛 5 歲

中海健的女兒，無法接受母親的死訊而自我封閉，但漸漸恢復開朗。很黏姑姑美帆。

前言

一生受用的策略思考

遵照上司的指示，或公司的決策執行業務，這是工作的基本原則。

但我想有些時候，各位應該也會有「現行的做法很奇怪吧」或「不是有更好的做法嗎」等疑惑吧？

對於這類令人感到困惑不解的指示，不由得想要重新做過，藉此讓工作的品質變得更好，對吧？

如果只是木然完成上頭所交代的工作，自己應該也會覺得索然無味。而且一個弄不好，可能就得一輩子都做些打雜活了。

即便不追求飛黃騰達，至少也應該要設法掌握自己在工作上的自主性。

此時「解決問題的技術」就可以派上用場了。

只要掌握解決問題的方法，就可以解決那些令人感到「困惑不解」的事情，進而以「比過往更好的方法」處理工作。

而且解決問題的技術可不僅只能解決工作上的問題呦。舉凡個人困擾或人際關係上的煩惱等，解決問題的技術也能夠派上用場。除此之外，甚至可以用來實現個人的願望與夢想呢。

面對一些只要抓到訣竅就能夠解決的問題時，若是浪費時間苦惱，那可是人生的一大損失啊。若是可以學會「解決問題的技術」，就可以令過去累積的煩惱一掃而空，讓人生變得輕鬆許多。

除此之外，在掌握解決問題的能力之後，也可以讓人更有自信面對全新挑戰。如此一來，或許上司就會給予各位想做的工作內容，乃至於全新的機會呢。即便是面對全新的人生舞台，相信也可以自信洋溢地邁步前進。

解決問題的步驟

而只要肯努力學習，任誰都可以學會解決問題的技術。

解決問題的步驟大抵可分為「剖析問題，尋找本質性的論點」、「發揮想像力，提出盡可能多的假設」、「確認假設，擬定解決對策」。

我們很難憑藉空泛的理論說明上述步驟，但是若能搭配實際使用的案例幫助各位想像，相信立刻就可以理解了。

因此本書採漫畫形式製作而成，讓「解決問題」這類較為晦澀難懂的主題，變得較容易理解。

各位將以「藏崎帆布」這間虛構的公司為舞台，體驗「解決問題」的箇中奧妙。

請各位一起體驗故事中，「藏崎帆布」的中海美帆為何煩惱、如何腦力激盪、如何擬定解決方案，及如何付諸實現等過程。從中也請試著想像，各位該如何將她的體驗運用在自家公司，或是自己身上。

「解決問題的技術」總是得先套用在自己所面臨的狀況上，並實際思考過後，才能夠茅塞頓開啊！

若是透過本書，能夠幫助各位理解解決問題的運作方式，進而提升工作效率，並獲得更加愉悅的心情，甚至讓人生更幸福，我將感到不勝喜悅。

Problem Solving

Prologue

解決問題的技術

序章

人生充滿各種各樣的「問題」，包括工作上的問題，以及生活上的問題。「解決問題的技術」，正是幫忙解決上述問題的技能。

鈴響
接起
社長，您的電話。
謝謝。
您好！
咦？
是的。
咦咦!?
我知道了，是的，請務必讓我前去拜訪！
海浪聲…

砰
真懷念啊……
清爽登場
來，小愛。
遞出
畫畫

漂亮吧？
中海美帆 27 歲
送妳！
中海愛 5 歲
吼，算了！
美帆，
可以別煩她嗎？
中海健 35 歲
她好不容易才又開始寫字跟畫畫啊。
她不是以前那個開朗的小愛了。
哥…
但是…
我知道，先去散個步吧。
小愛，走吧。

……
我家──藏崎帆布，是在藏崎地區屹立一百二十年的老字號帆布店。
我是家中的老二，上面還有一位哥哥。
藏崎帆
自從大學畢業之後，我就回家幫忙家業。
從小織布機運作的聲音就伴隨著我長大，
那種舒適的旋律已經深深刻印在我的體內。
我從未想過……
這聲音有一天會消失。
三週前，哥哥帶著她的女兒一起回到老家。
也就是我的姪女──小愛。

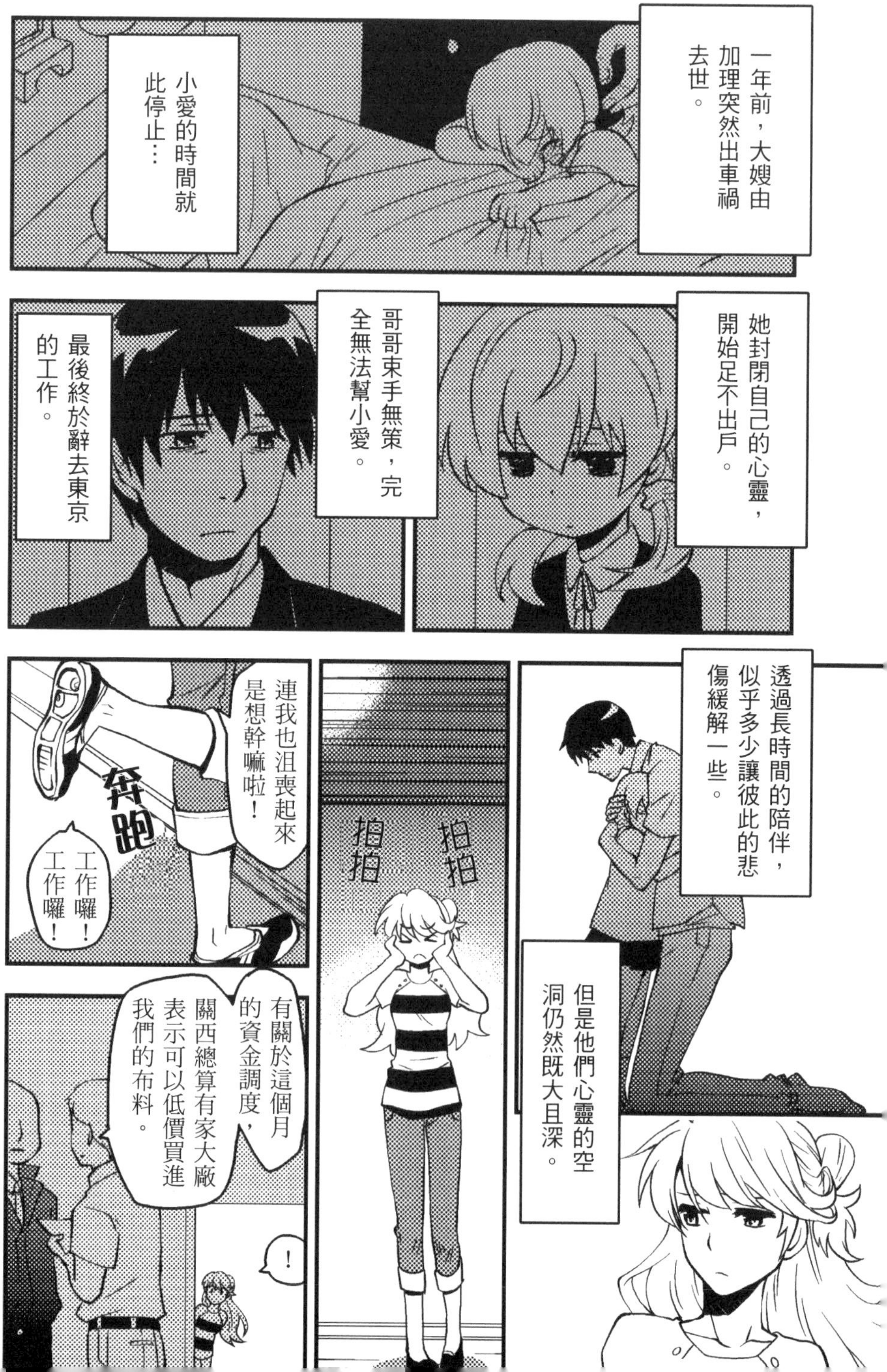
一年前，大嫂由加理突然出車禍去世。
小愛的時間就此停止…
她封閉自己的心靈，開始足不出戶。
哥哥束手無策，完全無法幫小愛。
最後終於辭去東京的工作。
透過長時間的陪伴，似乎多少讓彼此的悲傷緩解一些。
但是他們心靈的空洞仍然既大且深。
拍拍
拍拍
連我也沮喪起來是想幹嘛啦！
奔跑
工作囉！工作囉！
有關於這個月的資金調度，關西總算有家大廠表示可以低價買進我們的布料。
！

還說想要一次進更多貨。
畢竟我們家的布料全都是師傅們費心製作而成，評價也很好啊。
社長
中海潔 61 歲
但是賣這麼便宜也沒用啊。
我懂你的感受，但是沒有捨，哪有得呢？
業務主管
柏葉聰 60 歲
而我們家的公司同樣也有許多問題。
我們家公司的主力商品是品質優異的托特包。
這款商品的銷量還算不錯，但因為是手工製作，因此價格實在壓不下來。
而近年來，市面上充斥著外國產的低價托特包，以量制價，我們完全比不過人家。
畢竟我們家的機器只有六十台，
每天能生產的布料量都已經決定好了。
因此我們得設法提升毛利，這相當重要。
但是業務主管柏葉等人…
卻背道而馳，總是去承接大廠訂單。
這種做法雖然單價較低，但是因為訂貨量較大，因此勉強還能維持利益。

其實誰都知道這種做法撐不了多久的。
我們這群師傅的平均年齡都快五十了。
再過幾年大家就都會退休了，所以得趁現在多為公司賺點錢。
不，我其實九月就要退休了，等我們這一代都離開了，這盞閃亮一百二十年的傳統明燈也會跟著熄滅吧？
把傳統交給下一代繼承不就是我們這些老頭的責任嗎？
喂！
啊……
啊，美帆，
社長叫妳等等過去找他。
師傅
岡田敏 65 歲
嗯，
謝謝！
我這就去。

社長室
打擾了！
開門
老爸，你在說什麼啊？你是認真的嗎？
咦？你什麼時候散步回來的？
美、美帆！幫幫我啊！
老爸老糊塗了！
我才沒有！
我是認真的，你以前不也在東京的一流企業做得有聲有色嗎？
由加理去世也一年了，你也該重新振作了！
怎、怎麼回事!?
老爸說他要退休，讓我繼承這家公司啊！
沒錯，美帆妳也來幫幫忙！
咦咦!?
不行啦！你也要想想哥哥的心情啊！
我有！
認真

再慢吞吞的混日子也不是辦法，
而且我也老了，師傅們也都是些老骨頭，想不出什麼新點子啊！
你們年輕人一定能做得更好！
……
阿健!!
抓緊
你這孩子只要想做就沒問題的！
氣勢逼人
拜託了!!
翌日
嗯——如此這般…
藏崎帆
本公司
就由他們兩位接棒了。
請大家多多指教。
寂靜無聲

新社長來講幾句話吧！
咦？
腦袋空白
那、那個…
那個
嗯
阿健，怎麼了？
說話啊！
嗚
嗚哇哇！
啊
小愛!?怎麼了？
對、對不起！
逃跑
全場呆滯
唉～
總覺得前途多舛啊…

解說 No. 1

解決問題的技術

幫助解決「困擾」的技巧

任何公司都有自己的問題，美帆啊，藏崎帆布有哪些問題呢？

這個嘛，最大的問題就是亞洲各國的平價商品大量流入日本市場，導致價格不斷下修。

但是藏崎帆布若要繼續維持製造商的商業模式，就不可以把商品賣得太便宜。

而師傅們的高齡化問題也不容忽視。他們的平均年齡已經接近五十歲，岡田先生也說他今年九月就要退休了。

沒錯，看樣子問題還蠻多的。那麼就讓我們開始學習「**問題解決**」的方法，來幫助解決這些問題吧。

我們對這些問題也煩惱很久了，如果真的能夠解決就太好了。

而且這套問題解決方法，**除了可以活用在工作上，也可以幫助解決人際關係、社會問題等，甚至可以幫助實現夢想與願望呢。**

哇，真的啊！

▼問題解決其實與生活息息相關

相信各位都有許多困擾，或是想要實現的願望。

譬如讓因為放肆大吃而增加的體重恢復標準、以平實價格購買適合自己風格的衣服、與男女朋友的關係變得更加親密、累積有助未來發展的資歷、幫助貧窮國家的孩童等。

現在的困擾，或是未來想要實現的夢想與期望，無論是誰都會懷抱著這類「問題」。

針對這些問題，各位或許會開始減重、尋找服裝風格適合自己的商店、擬定約會計畫、參加證照讀書會以強化履歷、捐款給貧窮國家

畢竟我們家的機械只有六十台，
每天能生產的布料量都已經決定好了。
因此我們得設法提升毛利，這相當重要。
但是業務主管柏葉等人…
卻背道而馳，總是去承接大廠訂單。
這種做法雖然單價較低，但是因為訂貨量較大，因此勉強還能維持利益。

的孩童等。

為了解決當下的煩惱，乃至於實現未來的夢想與期望，我們總是會想出許多「解決對策」，並付諸實踐。

沒錯，近至眼前發生的事情，遠至未來乃至於社會大事，**我們在生活當中總是要不斷地解決各種問題**。

而若是缺乏解決問題的技術，每當面對全新的問題時，我們就會感到徬徨無助，不知該如何應對。

進而陷入「患得患失」的煩惱狀態。但是無論多麼煩惱，問題都不會得到解決。

在煩惱到某一個程度之後，我們會開始擬定其實沒什麼幫助的對策，即便努力實踐這套沒頭緒的對策，也只是白費心力，無益於解決問題。

反之，**若是具備解決問題的技術，就可以順利地**

擬定實際有用的解決對策。如果就因為缺乏解決問題的技術，以至人生長期困於問題之中，因而苦惱不已，甚至持續進行無濟於事的努力，那可會是人生的一大浪費啊。

那麼我們又該如何培養解決問題的技術，進而擬定有助解決問題的對策呢？

當我們缺乏解決問題的技術時，世界上似乎充斥著難以解決的難題。但是隨著我們果敢地向這些難題挑戰，並一點一滴地解決這些難題，也會在過程中逐漸掌握相關

Point

拒絕徒勞的人生

我們會發現，很多時候都是在多次的嘗試摸索之後，才能夠獲得成功。或是該說，若要獲得巨大的成功，必須要有大量的錯誤作為基礎。但若是耗費大量的時間與金錢，卻繞了一條遠路，最後也沒能獲得成果，可就只是徒勞無功了。

所以讓我們一起學習如何減少時間、金錢上的浪費，順利高明地解決問題吧。

技巧，進而解決更為困難的問題。

每個人一開始都站在同一條起跑線上，**但越是肯努力向問題挑戰，就越是能養成解決問題的智慧與實力**。

曾幾何時，這些勇於挑戰的人已經可以開始面對艱難的工作，乃至於足以改變社會的創舉。而問題解決的技巧越是優異，**就越不容易因為小問題而苦惱**。當問題解決的技巧優異到足以勝任改變公司，甚至是整個社會的工作時，當事人自己也能夠過上更加豐富而幸福的人生。

問題解決的步驟共分為「**1整理論點**」、「**2擬定假設**」、「**3擬定執行方案**」、「**4執行與PDCA**」等四個步驟。

妳在說什麼啊？我都聽不懂。

放心，我等下會簡單地跟妳說明的。

▼解決問題的四個步驟

問題解決共可分為四個步驟。

STEP1 整理論點

一個問題牽扯到各種各樣的「論點」，包括引發問題的原因、相關副作用、可能的解決對策等。

而所謂的整理論點，**則是一個梳理複雜論點、令問題本質清晰可見的過程。**

▼ STEP1：整理歸納出論點

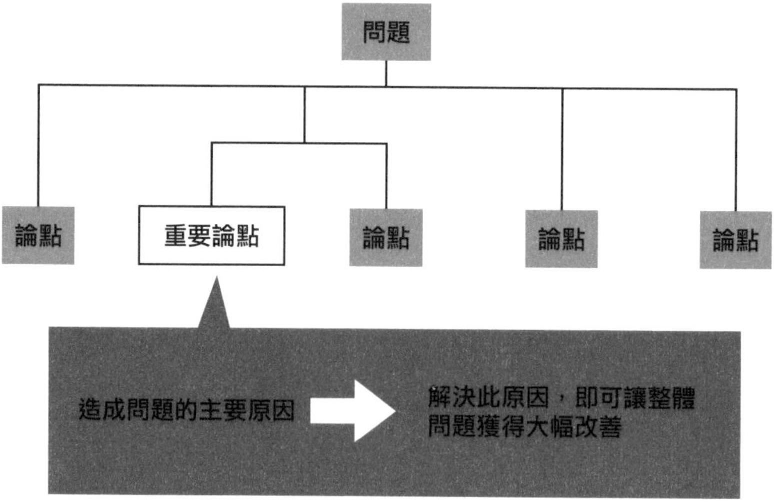

每個問題都會牽涉到各種各樣的論點，其中既有與其本質息息相關者，也有八竿子打不著者。若是能夠洞悉何者才是貼近本質的論點，就可以逐漸掌握問題的全貌，進而讓思路清晰無礙。

只要論點經過整理，也就能條理清晰地向他人說明問題為何了。**有時候，各位會獨自為某個問題苦惱不已，這往往都是因為沒能夠「確實整理論點」**。

STEP2 擬定假設

在洞悉本質性的論點之後，就要試著擬定「假設性」的解決對策了。**誠如字面含意，「假設性」解決對策並不等於正確答案**。

不同於在課堂上寫考卷，商場上的問題可沒有唯一解答。強背硬記的公式也無濟於事。即便腦袋突然靈光一閃，覺得自己想到了一個好方法，卻也不能肯定它真的能派上用場，除非付諸實踐。

因此在這個步驟所擬定的解決對策，**說到底也只是假設。我們要先擬定**

「假設性」的解決對策，再加以付諸實踐，藉此確認效果（驗證）。

若是驗證結果符合期待，就可以實際採用該「假設性」的解決對策；若是不符合期待，則要加以改善。

有些人認為「每個問題都有正確答案」、「只要有理有據地分析問題，就可以找到正確答案」，這類想法本身就有所誤解。

每個問題都不存在所謂

▼ STEP2：列舉所想到的解決對策

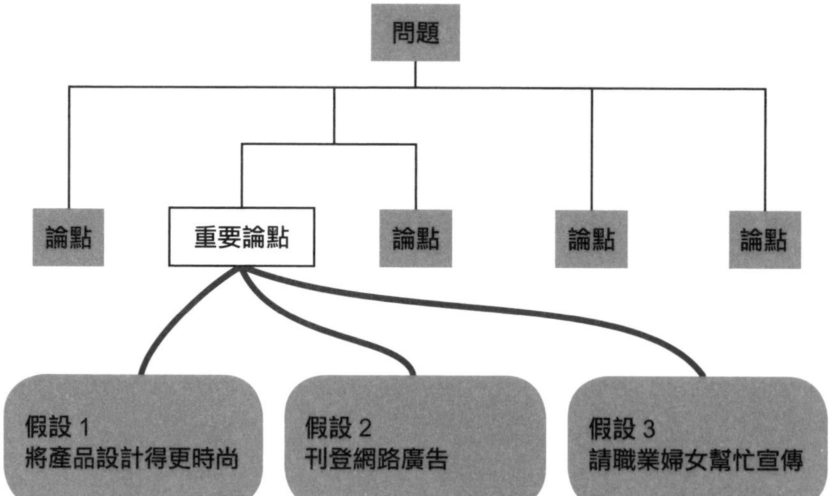

的唯一解，而且即便紙上談兵講得再完美無缺，若是在實際運用面派不上用場，就稱不上是解決對策了。這世界很現實，多的是要親身嘗試，才能夠掌握的資訊。

乍看之下，擬定「假設性」解決對策的做法好像繞了遠路，但事實上，假設與驗證才是通往解決問題的最快捷徑，也是擬定解決對策的唯一方法。

起初即便弄錯方向也沒有關係，只要在擬定「假設性」解決對策的過程當中不斷修正，就可以逐步完成優良的解決對策了。

STEP3 擬定執行方案

「願景」，這是一個透過解決各種問題，才能逐漸抵達的理想狀態。願景設定得高，才有辦法說服他人與自己合作。

希望各位要試著思考，自己所擬定的「假設性」解決對策是否能夠幫助實現自身願景，同時也要具體地利用數字來呈現自身願景。而令人意外的是，先行擬定「假設性」解決對策之後，要具體呈現自身願景就很簡單了。因此不建議在一開始就設定好願景。

接下來則要規劃實現願景的路線，也就是設定「規劃藍圖」（中長期計畫）。

而在設定「規劃藍圖」時，**也要一併設定其中的階段性小目標，並搭配具體的「執行方案」**。請注意，「執行方案」得要設定得確實，若是「任務」設定得太過隨興，沒

▼ STEP3：擬定實現解決對策所需的執行方案

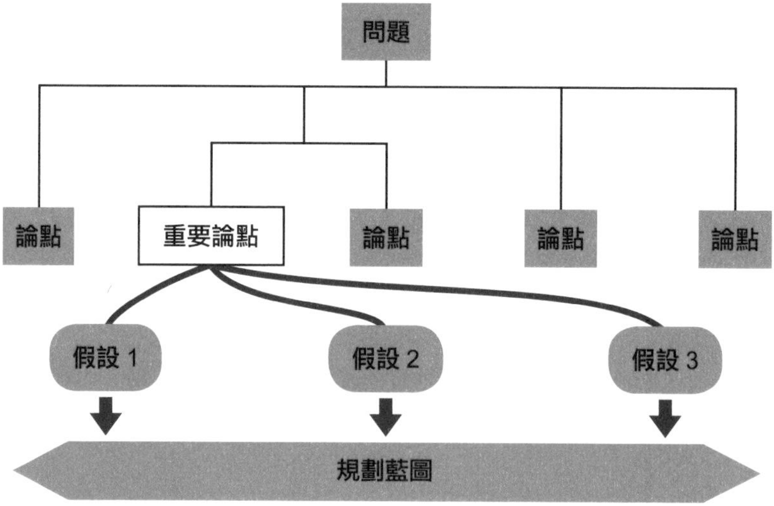

有確認訂出具體的執行人員、任務內容等，最後很可能大家都選擇置身事外，沒人肯身體力行。

STEP4 執行與PDCA

在擬好執行方案之後，就要付諸實踐了。過程中也要驗證自己所擬定的假設性解決對策，若是有效，則可以試著再進一步優化；若是沒效，則要予以修正。

這就是常聽到的**PDCA循環**，內容包括：計畫（PLAN）、執行（DO）、驗證（CHECK）、行動（ACTION）。

在經過數次循環之後，**我們的解決對策就會變得禁得起考驗，而這正是我們所追求的解決對策**。

在解決問題的過程當中，也要同時擬定更為優質的解決對策。而這正是最具效率和效果的解決問題的方法了。

▼ STEP4：實踐所擬定的假設，進而產生解決對策

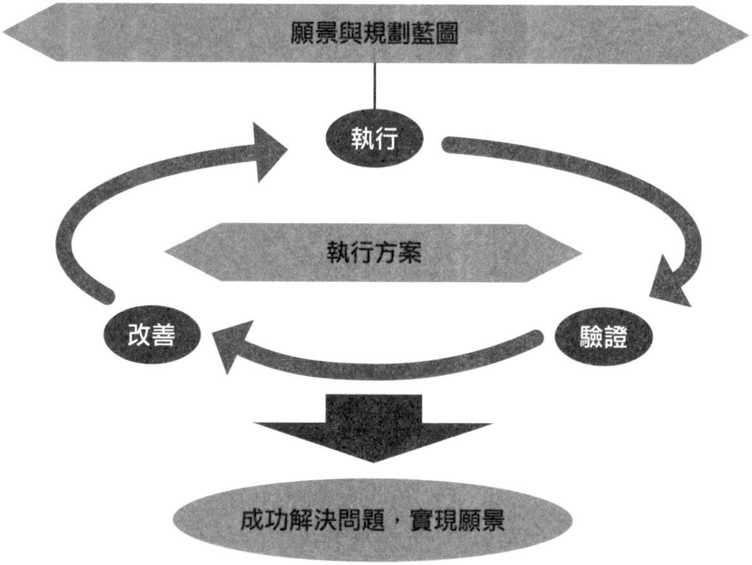

Problem Solving

第1章

將問題結構化

所謂事出必有因，問題當中一定存在原因，以及有助解決問題的「論點」。只要整理這些論點，把它「結構化」，就能從中得出解決對策。

小愛很愛畫畫呢！
消沉
妳在畫什麼啊？
呵呵。
喂！妳在幹嘛？
驚嚇
沒…沒有啦！我只是…
慌亂
慌亂
嗯？

妳該不會是眼鏡委員長吧？
可惡，被發現了…
妳幹嘛啊？不是跑去東京開了間大公司，現在是名人了嗎？
怎麼又跑來對我哥死纏爛打啦？
川奈真琴 35 歲
美帆啊，眼鏡委員長這綽號不對吧？畢竟我也不是學生了，
而且說什麼死纏爛打也太難聽了…
哼！我是不知道妳多有名啦，在我看來妳根本沒變啊！
總是學不乖地跑來纏我哥，做法也蠢爆了。
嗚
給健大人
好可怕，還是丟掉吧
結果我哥完全沒有想搭理妳！
其實是我在背後教唆的…

妳該不會是知道我大嫂過世了，才又追著我哥過來的吧？
超噁！超爛！
唉呀，美帆，
我只是被命運牽引過來罷了。
我說妳也跟我哥一樣35歲了吧？
老大不小，也都在東京混得有頭有臉了，就別在那裡單相思了吧，像個孩子一樣。
而且我哥有小孩了啊！
我知道！
小愛好可愛喔。
死變態！
是說妳把公司扔著不管好嗎？
唰
沒問題！
這點小事對我公司才沒影響哩。
上市公司可不是吃素的！
登
上市

但是我家健大人可就辛苦囉。
嗚嗚
我很擔心他啊！
只有我才能拯救他啊！
……
雖然很不甘心，但妳的確很厲害。
其實老哥他剛接下我們家的公司，
但是再消沈下去，公司會倒閉的。
No problem!
說到當社長，我可是你們的前輩啊！
所以能給好建議！
抓住
等一下！

把那什麼好建議
跟我說吧！
嗯？
美帆學得會嗎？
好吧，反正健大人也不會馬上把他老婆忘掉。
要打長期戰了！
趁現在把照片刪掉好了。
逼
妳在幹嘛？
沒事啊！
我回來了！
東西也買好了！
事務所
轟轟轟轟轟

這是？
是小愛寫的。
小愛也想要幫爸爸的忙呢！
這樣啊……
真了不起！
那就先帶小愛去吃點心吧。
我烤好鬆餅囉。
打擾了！
回頭
叩叩
！
妳這傢伙……
外部董事

眼鏡委員長真琴!!
登場
妳來幹嘛…
啊——
跟各位介紹,這位川奈真琴小姐是我們的老鄉,出社會幾年就開了一間上市公司。
也是阿健以前的同學,各位應該都有聽過她。
好久不見,請多指教!
外部董
我聽說她難得回來,就趕緊請她來給些建議了。
大家沒意見吧?

各位也知道藏崎帆布的現狀。
各位手邊的資料上列有這幾年的營業額變化。
不知該怎麼做，才能夠重整公司聲勢呢？
做個帥氣的包包如何啊？
要那種設計時尚，又方便使用的款式…
所以是哪種設計啊？
這個嘛，帆布的設計相當自由，
顏色也可以做得很漂亮。
問題是出在不好賣，
百貨公司跟選品店裡也都有各大廠牌進駐了…
啊，我很常去逛百貨公司哦。
如果做成期間限定的活動攤位就有可能了。

問題是要怎麼跟便宜的外國貨對抗啊。
我說啊……
嘻嘻嘻
多出新的工作，師傅們的負擔也會變重。
大家年紀也不小了，可不能太勉強啊。
妳別貼太近！
呼呼呼
又沒關係。
等一下啦！你一次講那麼多誰聽得懂啦！
轉頭
妳有在聽哦？
也就是說，
推出推出
得要先把貴公司的問題結構化，否則是沒辦法解決問題的。
結構化？
沒錯，這是妳腦海裡現在的狀態，對吧？
課題：打造藏崎帆布的品牌
製作帥氣的包包
設計時尚
方便使用
宣傳藏崎帆布產品的耐用性
但是原價就會拉高
機台數量根本不夠
師傅們的工作量也會變重
腦袋亂糟糟，不知道該如何是好！！
啾
嗚嗚……

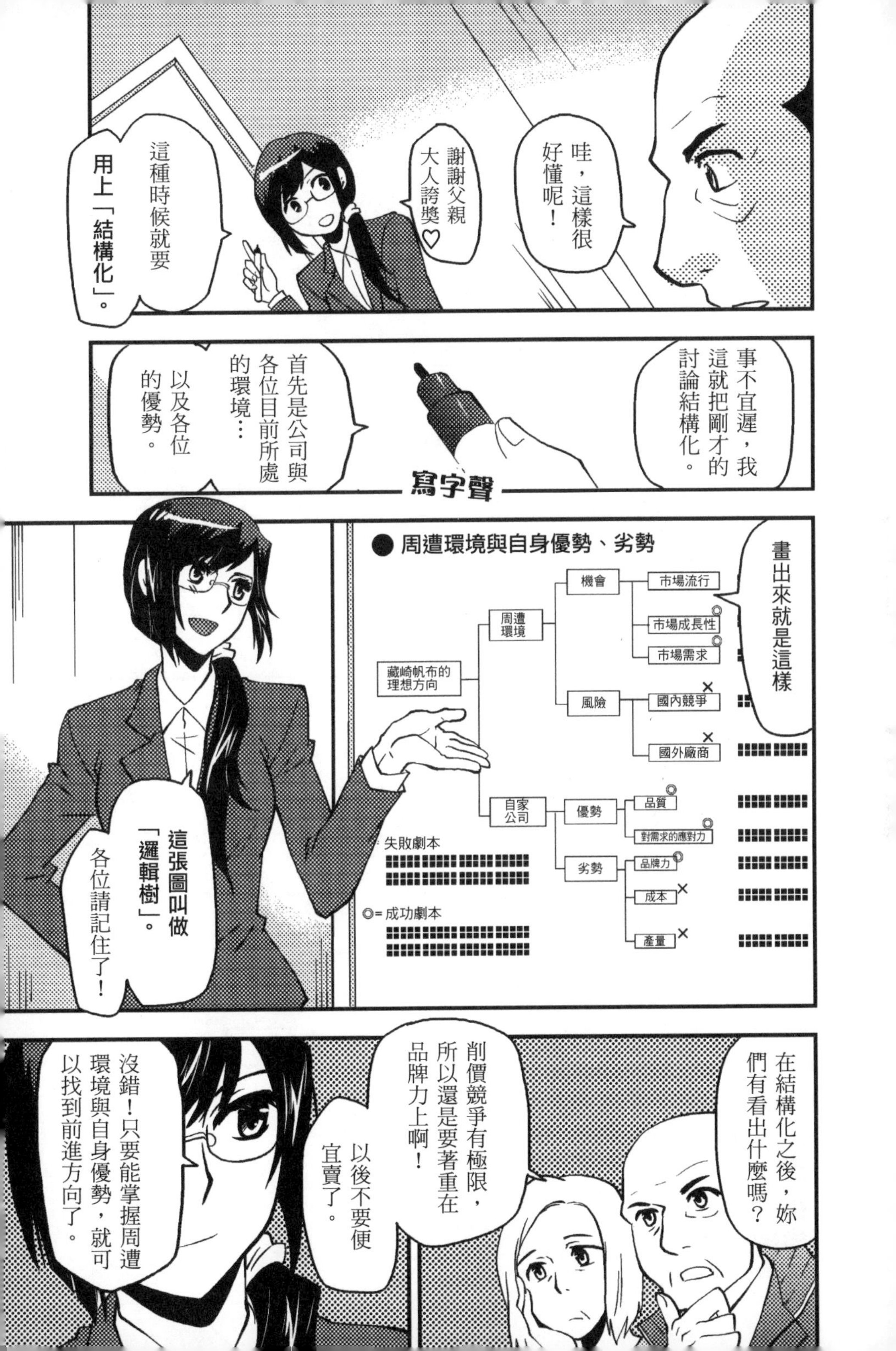
哇，這樣很好懂呢！
謝謝父親大人誇獎♡
這種時候就要用上「結構化」。
事不宜遲，我這就把剛才的討論結構化。
寫字聲
首先是公司與各位目前所處的環境……
以及各位的優勢。
畫出來就是這樣
周遭環境與自身優勢、劣勢
藏崎帆布的理想方向
周遭環境
自家公司
機會
風險
優勢
劣勢
市場流行
市場成長性
市場需求
國內競爭
國外廠商
品質
對需求的應對力
品牌力
成本
產量
失敗劇本
◎= 成功劇本
這張圖叫做「邏輯樹」。
各位請記住了！
在結構化之後，妳們有看出什麼嗎？
削價競爭有極限，所以還是要著重在品牌力上啊！
以後不要便宜賣了。
沒錯！只要能掌握周遭環境與自身優勢，就可以找到前進方向了。

接下來是整理公司內部的問題，才能夠提升品牌力。
缺乏品牌力
設定目標客群
設計
製造
販賣業務
最大的課題是做出讓目標客群支持的好設計。
然後販賣方法也是一個問題。
接下來則是要確定「品牌要向哪些族群發出哪些訊息？」
目標
女性
學生
社會人士
頂尖客群
職場菁英
基層人員
主婦
銀髮族
男性
孩童
所以你們要設定的目標客群是？

那就以很多女性都嚮往的幹練女性為目標吧！
她們的消費力也比較高，不會對商品售價斤斤計較！
帥氣的背著帆布包，穿著高跟鞋闊步走在丸之內的金融街上。
這樣一定會有很多對她們憧憬的女性爭相搶購！
不錯的主意！
那麼品牌負責人就是美帆了。
……
嗯，我知道了！
另外我也想做一個專賣日用品的品牌，產品包括錢包、名片夾、眼鏡盒等…
這個品牌則由阿健負責。
啊，但是我…

這是我這老社長最後的願望，
希望你可以答應。
我知道了。
那麼接下來就靠你們年輕人了。
孩子的媽，走吧。
好，
關門
爸爸真的要退休了。
我沒有自信啊…
不用擔心。
踏出
有
我在！
靠近
妳的建議就靠我傳話給老哥吧！
拍打

我知道了。
那麼就讓我來幫妳上些商場必要知識吧。
首先是找出問題的方法，以及邏輯樹的使用方式。
？
？
還有MECE的概念之類的⋯
夜幕低垂
不行了！
腦袋糊成一片，都怪眼鏡委員長的課啦⋯
萎靡
振筆疾書
但是至少知道接下來要做啥了。

首先是設定目標客群。
目標客群？
如果要迎合所有人的口味，最後只會全盤皆輸。
目標客群要設定得越具體越好。
目標客群是備受女性憧憬的幹練女性，她們會裝什麼在包包裡呢？
我這種魯蛇怎麼會知道呢……
說到身邊的能幹女性……
走路聲
咦？小愛，怎麼了？
侷促
我要尿尿……
我一直都很喜歡哥哥，
可以說是典型的兄控。
W·C
所以總是拼命阻撓所有女性靠近哥哥，包括眼鏡委員長。
我希望可以宣示哥哥是我的。

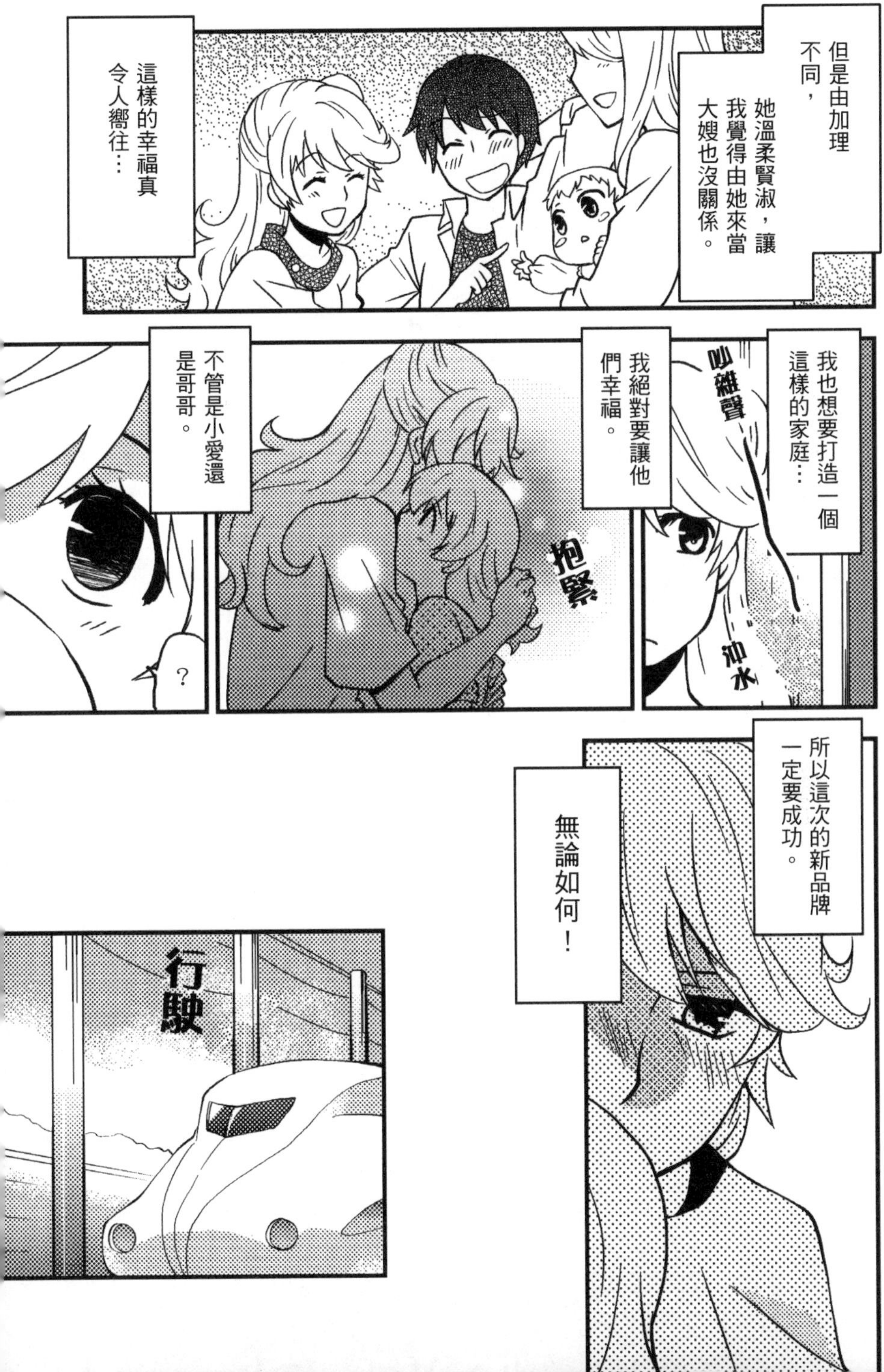
但是由加理不同，她溫柔賢淑，讓我覺得由她來當大嫂也沒關係。
這樣的幸福真令人嚮往…
我也想要打造一個這樣的家庭…
吵雜聲
沖水
我絕對要讓他們幸福。
抱緊
不管是小愛還是哥哥。
？
所以這次的新品牌一定要成功。
無論如何！
行駛

果然還是要問些真實的意見啊！
委員長介紹了一些人給我認識……
全都是被雜誌採訪過的厲害角色啊……
好緊張哦！
她的包包根本不能參考啊……
我最愛點心了哇啊！
只能硬著頭皮上了。
哇啊——
東京
Tokyo
這個嘛，我是對以前用過的包包有些不滿啦！
因為用久了包包會變型、掉色，所以害我得要每天換揹不同的包包。
秋口沙紀 34 歲
任職於外商的證券交易員，年收入為兩千萬日圓以上。
每天？
畢竟選包包也挺花精神與時間，
所以我很希望有個喜歡又耐用的包包，讓我能每天使用。

原來如此。
接下來是……
書寫
每天都能揹的包包
我討厭皮革，
誰叫我超愛動物。
田島江梨香 28 歲
25 歲時創業，提供女性公寓租賃服務。也曾上過電視節目等媒體。
但是布包的縫線很快就會脫落了。
連一年都撐不過，實在有些不划算。
而且布包的設計感也比皮革包差多了。
土裡土氣的！

真抱歉吼，土裡土氣的……
對包包的不滿嗎？
我最重視實用性。
理想的款式是那種可以塞很多工作文件的包包。
澤西 舞 32歲
任職於業界龍頭商社三星物產，為業務部長。
要可以放得下A4文件，也要足夠保護放在裡面的筆電、平板。
塞滿
小袋子也是越多越好，才可以放手機跟雜物。
畢竟翻找東西很難看，又浪費時間。
這不會很重嗎？
會啊，所以包包本身越輕越好。
沉甸甸

嗚——
累死了~
每個人的訴求都不同啊。
起身
啊，對了！這種時候才需要邏輯樹啊！
這個嘛⋯⋯
這裡這樣⋯
那裡那樣⋯
畫好了！
書寫⋯
變得明確許多了，
理想包包該有的樣貌⋯
目標客群
20幾歲接近30歲～30出頭的
幹練女性
年收入600～1000萬日圓
從事內勤或是外勤工作
使用場景
工作用，常常要揹著到處跑，內
容物包括筆電、A4文件
實用性
女用皮革包
現有包包
商務包

解說 No. 2

整理論點

MECE與邏輯樹

解決問題的第一步是**整理論點**。簡單來說，就是把你現在的想法、煩惱全都寫出來。

這樣啊，我想營收不振的原因是訂價過高，加上藏崎帆布的名氣其實也不大。

沒錯，首先就是要把這些疑問全寫出來。接下來則要寫出一些幫助解決問題的點子，兩位有答案嗎？

譬如「打造全新的包包品牌」、「在百貨公司設臨時櫃位，藉此跟更多人宣傳」之類的嗎？

妳還挺懂的嘛！**首先就是要列出並整理論點**，才能夠掌握問題的全貌。

▼首先列出現有論點

為了幫助後續整理論點，我們必須把現有論點全數列出。**所謂論點，是一種與問題相關的設問內容**，包括：**可能造成問題的原因、真正的問題原因、解決對策的點子**等。相信在試著解決問題的過程當中，腦海中一定會湧現各種各樣的論點吧。

例如藏崎帆布就列出了以下論點：

- 為何價格會偏高？
- 使用日本的原物料與工廠，價格就壓不下來。
- 最近流行五彩繽紛的包包。
- 但是與其盲從流行，還不如靠品質決勝負。

- 業務人數不夠，所以無法擴大銷售通路。
- 並沒有確實傳達產品的好處。
- 是否該在網拍市場多下點功夫？

剛開始就是要**盡量列出各種論點**，就跟上面一樣。不管是面對任何問題，至少也要列出三十個論點，如果遇到的問題較大，更該列出五十個以上的論點。如果論點只有五個、十個，根本也討論不起來了。如果一開始沒有充分列出各種論點，最後完成的解決對策也會寒酸得讓人看不下去。因此建議各位盡量列出各種自己在意的事情，儘管與問題沒有直接關係。**列出各種論點之後，我們才可以從各種視角切入，創造出更加優質的解決對策**。

各位也無須擔心「列出太多問題了」這檔事，因為只要加以整理就好了。

▼盡可能列出各種所想到的論點

- 流行趨勢是五彩繽紛的包包
- 師傅高齡化
- 價格偏高
- 銷售通路較少
- 是否該在網拍市場多下點功夫？
- 高品質的手工包
- 是否該強化品牌力？
- 無法量產
- 業務人員太少
- 與其盲從流行，還不如靠品質決勝負
- 便宜賣給製造廠商吧？
- 沒有確實傳達產品的好處？
- 在國內製造就很難壓低成本
- 資金運作？
- 如何與國外商品對抗？
- 帆布的設計自由度高於皮革包

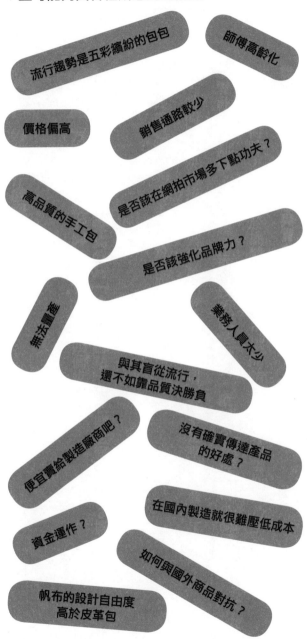

列出各種論點之後，就要加以整理了。這稱做**「結構化」**。要記得，整理不是條列式把論點列出就完工了。首先你們要知道什麼是MECE。

MECE？

「Mutually Exclusive and Collectively Exhaustive」的簡稱。

*%# !?什麼東西？

就是一種**不重疊、不遺漏的分類整理論點法**。如果有遺漏，就會有論點被錯過；有重疊則會讓討論出現混亂，對吧？

我們原本在討論新品牌的目標客群時，討論內容總是雜亂無章，如果用MECE就可以理出頭緒囉？

沒錯，條理清晰地整理出問題之後，整個人也會神清氣爽呢！

▼MECE：不重疊、不遺漏地整理出論點

列出許多論點很棒，但是當所列出的論點太多時，就會令大腦一片混亂。

有時候，我們在試著解決某個論點的過程當中，又會衍生出全新論點，甚至與本質性的論點相互矛盾。例如在下圖當中，美帆希望透過量產帆布包與外國產品對抗，但是師傅的工作時間，或是機台數量都有限制，因此不可能壓低價

▼真琴的腦海

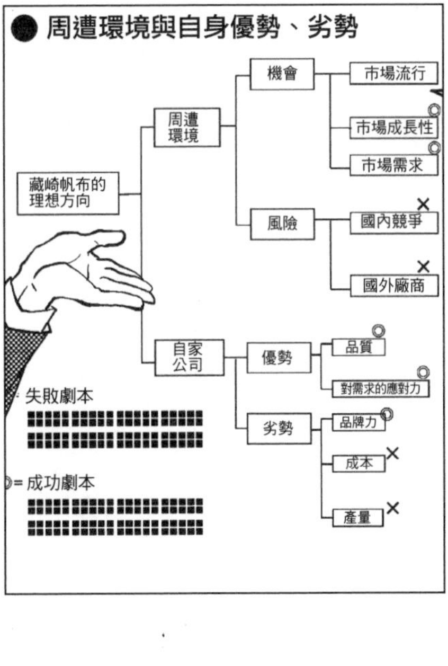
● 周遭環境與自身優勢、劣勢
藏崎帆布的理想方向
周遭環境
機會
市場流行
市場成長性
市場需求
風險
國內競爭
國外廠商
自家公司
優勢
品質
對需求的應對力
劣勢
品牌力
成本
產量
失敗劇本
成功劇本

▼美帆的腦海

課題：打造藏崎帆布的品牌
製作帥氣的包包
設計時尚
方便使用
宣傳藏崎帆布產品的耐用性
但是原價就會拉高
師傅們的工作量也會變重
腦袋亂糟糟，不知道該如何是好！！
嗚嗚…

格，自然也無法跟低價的外國產品打價格戰了。雖說如此，若是真的為了壓低價格而拖垮品質，更是賠了夫人又折兵。

於是美帆就此陷入思考的死胡同，花了大把時間還是無法想到解決對策。

接下來讓我們來看看真琴的腦袋吧！

她的論點經過了整理，因此看起來比美帆來得簡潔不少。

MECE與**邏輯樹**都是幫助整理論點的有效道具，首先讓我來向各位說明什麼是 MECE。

MECE 代表**「不重疊、不遺漏」**。

如果論點有遺漏，可能就會錯過重要的部分；如果論點有重疊，則會讓討論混亂不堪。因此我們要透過 MECE 整理論點、區分討論內容。

那麼事不宜遲，就讓我們用 MECE 來討論藏崎帆布的目標客群吧。

首先，美帆將女用包的客群分為以下項目：

- A 二字頭的單身女性

- B年輕的幹練女性
- C有小孩的家庭主婦
- D學生
- E工作狂女性
- F五十歲以上的優雅女士

各位覺得這種分類方法哪裡出問題了呢？

譬如A（二字頭單身女性）有可能以B（年輕幹練女性）的身分在公司裡打拼，也有可能還具有D（學生）的身分。這就是所謂的重疊。而若是有位二字頭的工作狂，她的身分就直接跟A

▼透過 MECE 分類

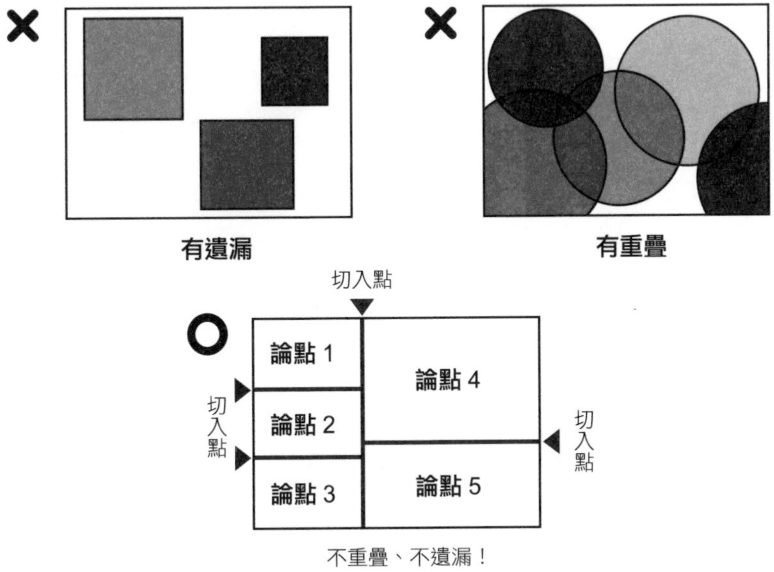

與E重疊了，討論馬上就變得亂七八糟，令人摸不著頭緒。

而且若是有一位沒生小孩的家庭主婦，可就沒有辦法分類了。其實這類女性普遍而言消費力較高，卻完全被忽略了。

在美帆的腦海當中，目標客群的年齡、家庭構成、職業等資訊都亂成一團。那麼她又該如何將混亂的思緒理出頭緒呢？

其實只要學習左頁的整理方式，**就可以有效掌握客群的全貌，讓思緒條理清晰**。

在前面的案例當中，我們從論點分出了「年齡、家庭構成、職業」，這些資訊都是論點的**「切入點」**。而只要從「切入點」著手，就可以將論點整理得漂漂亮亮。

那就以很多女性都嚮往的幹練女性為目標吧！
她們的消費力也比較高，不會對商品斤斤計較！

▼藏崎帆布新品牌的目標客群

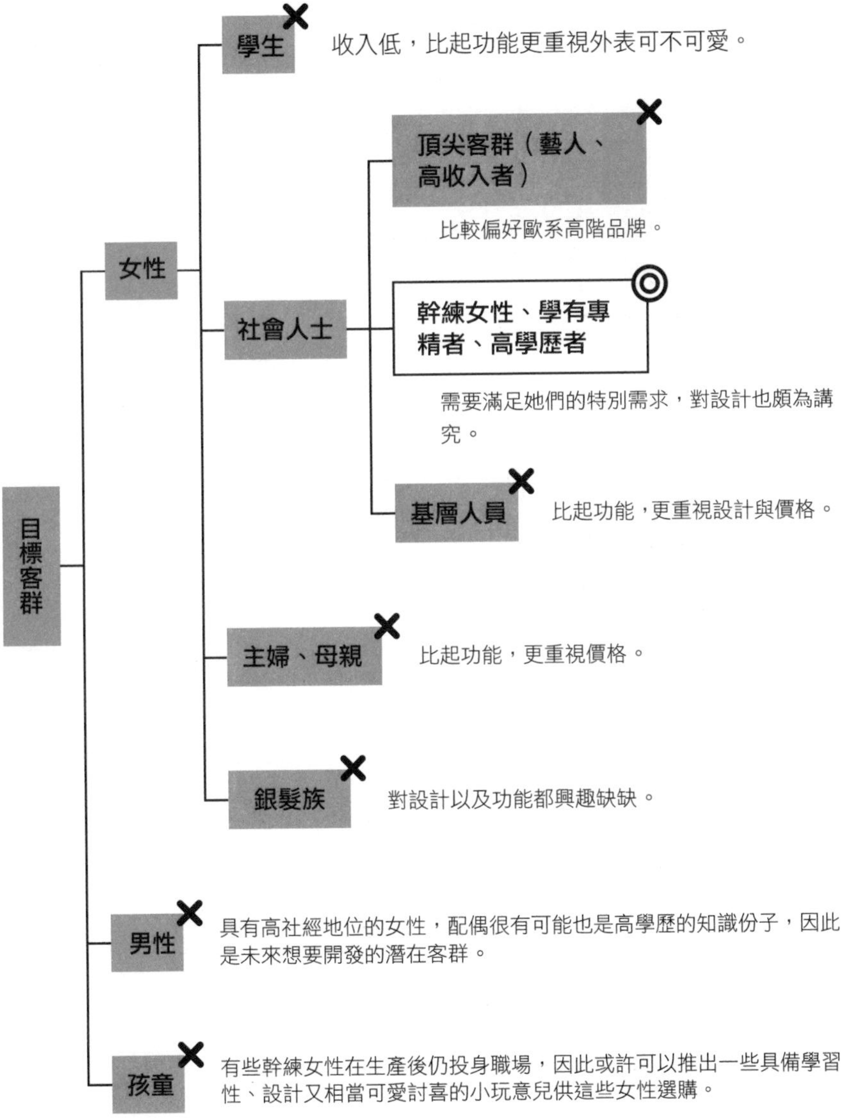
目標客群
女性
學生
收入低，比起功能更重視外表可不可愛。
社會人士
頂尖客群（藝人、高收入者）
比較偏好歐系高階品牌。
幹練女性、學有專精者、高學歷者
需要滿足她們的特別需求，對設計也頗為講究。
基層人員
比起功能，更重視設計與價格。
主婦、母親
比起功能，更重視價格。
銀髮族
對設計以及功能都興趣缺缺。
男性
具有高社經地位的女性，配偶很有可能也是高學歷的知識份子，因此是未來想要開發的潛在客群。
孩童
有些幹練女性在生產後仍投身職場，因此或許可以推出一些具備學習性、設計又相當可愛討喜的小玩意兒供這些女性選購。

▼剖析論點，找出「切入點」

商業面的切入點還包括以下項目：

- 部門（例如可分為：開發、製造、業務，問題內容也要加以區分）
- 顧客（參考前面的案例）
- 產品（依產品就問題內容加以區分）
- 製程（依製程就問題內容加以區分）
- 人員、物品、資金（根據造成問題的因素不同，解決對策也會截然不同）
- 品質、成本、交期（為了讓顧客獲得滿足，區分出重要的項目）
- 架構、內容（區分自身論點屬於工作過程，還是工作結果）

而「**3C**」也常常被用來解決公司問題。3C是一種分類論點的方法，其內容如下：

- 「顧客、市場（外部）論點」

- 「競爭對手（對手）論點」
- 「自家公司（自身）論點」

命名原因則是這三個項目對應的英文都是C開頭。

上圖是藏崎帆布的3C分析。對於「外部論點」，我們無力改變，只能被動接受。而對於「競爭對手論點」，則可以隨著競爭對手的改變得到解決。但是我們無法強逼競爭對手改變，也不能期待競爭對手會自動自發地改變。因此能夠著手的部分只剩下「自身論點」。

如果「自身論點改變，問題就能

藏崎帆布的情形

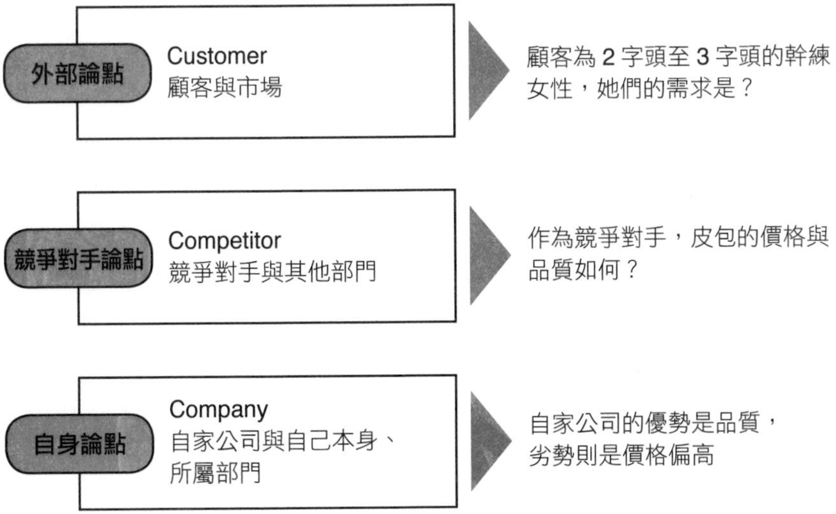
外部論點
Customer
顧客與市場
顧客為 2 字頭至 3 字頭的幹練女性，她們的需求是？
競爭對手論點
Competitor
競爭對手與其他部門
作為競爭對手，皮包的價格與品質如何？
自身論點
Company
自家公司與自己本身、所屬部門
自家公司的優勢是品質，劣勢則是價格偏高

獲得解決」，當然就要趕緊從善如流，藉此讓問題獲得解決囉。即便單純改變自身論點，仍無法令問題獲得解決，也能夠期待競爭對手論點、外部論點會一起出現改變。比起試著強行改變競爭對手論點、外部論點，這種做法往往更加有用。

接下來來畫「**邏輯樹**」吧。邏輯樹的英文是Issue Tree，因此也被稱作問題樹。做法是將論點細分為各個子論點，再進一步細分，不要奢求可以一次解決所有問題。如此一來，**各位就會發現，乍看之下複雜難解的問題，其實只是由一些可以解決的問題所組成**。

這些細分出的問題就像樹木開枝散葉，所以才用樹來形容它嗎？

真不愧是健大人，正是如此！

所以我們就要先將新品牌包包的論點分成「目標客群」、「功能」、「價格」等項目囉？

然後我們還可以用MECE進一步區分「目標客群」，以及其他論點，如此一來或許真的可以解決問題呢。但是要區分論點也並不簡單啊。

沒錯，這是解決問題時所面臨的第一個難關，只要成功突破，與成功解決問題的距離可就一口氣拉近不少了。

▼試著整理所列出的論點

透過邏輯樹，我們可以將混亂的論點釐清，讓問題變得一清二楚。

那麼又該如何繪製邏輯樹呢？

事實上，邏輯樹在繪製上並沒有所謂的標準答案。

我只能說嘗試為成功之母，**希望各位可以多加嘗試各種分法，直到清楚地將各種論點區分開來為止**。

發現所繪製出來的邏輯樹不夠清楚時，就毫不留戀

地棄之不用。這稱做**「零通過」**，各位要多次重複零通過，直到成功繪製出清楚的邏輯樹為止。

上述過程頗為艱辛，畢竟好不容易討論出來的邏輯樹又變回一張白紙。在這種時候，大家往往會試著對所繪製出的邏輯樹做些小修正，但是這種做法是錯的，從頭開始繪製邏輯樹才是正確做法。相信在重複零通過，以及由各種視角整理問題的過程當中，各位會逐漸發現全新的分類方法。而某些原本零通過的部分也可能再次起死回生，轉變為全新邏輯樹當中的一個項目。

單純一兩次的零通過，不可能就將問題整理清楚。至少也都要經歷五次以上的零通過，稍微複雜的問題更是要經過十次以上的零通過，才能夠繪製出清楚的邏輯樹。

而過程雖然艱辛，但是零通過的次數越多，越是能夠繪製出清楚的邏輯樹。只要問題清晰可見，距離成功解決問題自然就更近一大步。所以希望各位能夠不斷嘗試，切忌半途而廢。或許這會讓各位一整晚都悶悶不樂，煩惱不

▼用邏輯樹整理出藏崎帆布的周遭環境、自家公司的優勢、劣勢

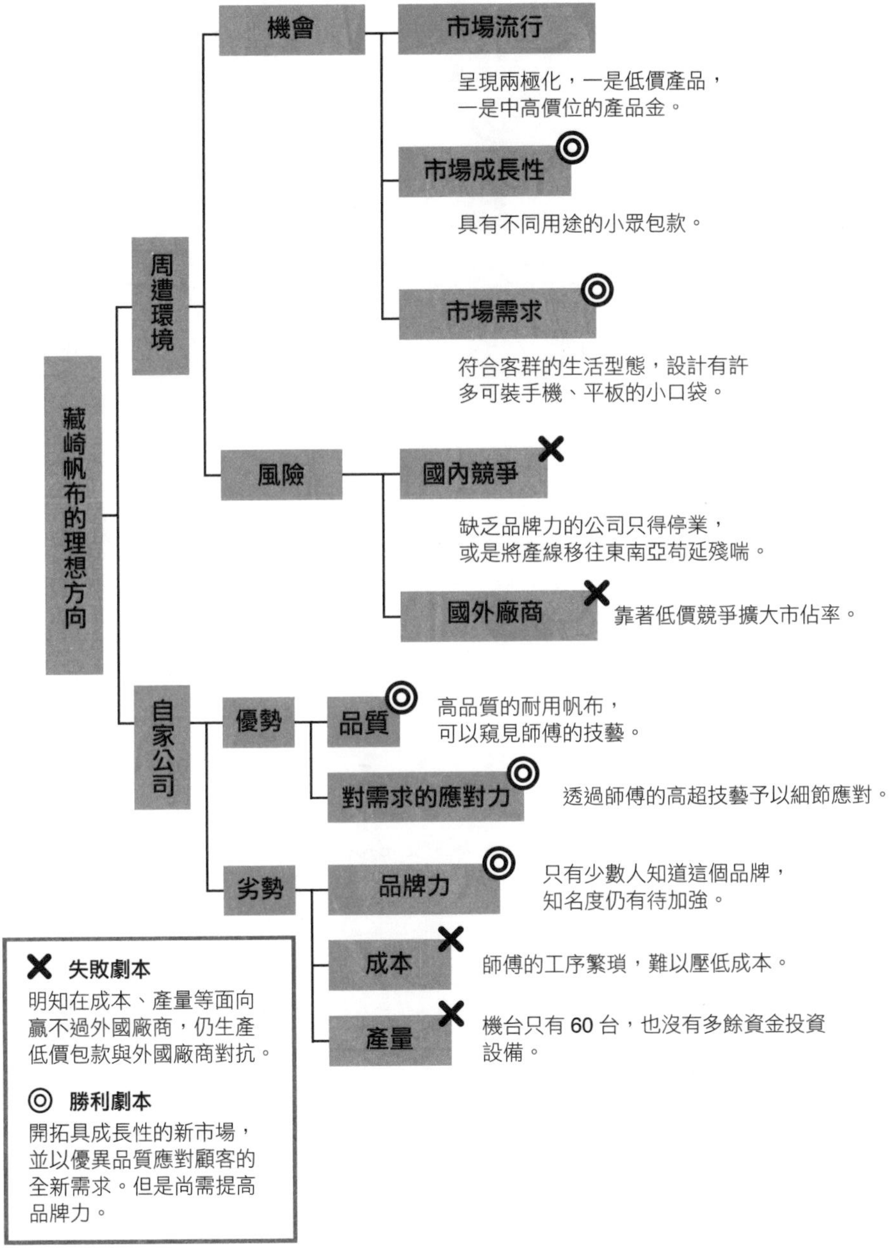
藏崎帆布的理想方向
周遭環境
機會
市場流行
呈現兩極化，一是低價產品，一是中高價位的產品金。
市場成長性 ◎
具有不同用途的小眾包款。
市場需求 ◎
符合客群的生活型態，設計有許多可裝手機、平板的小口袋。
風險
國內競爭 ✕
缺乏品牌力的公司只得停業，或是將產線移往東南亞苟延殘喘。
國外廠商 ✕
靠著低價競爭擴大市佔率。
自家公司
優勢
品質 ◎
高品質的耐用帆布，可以窺見師傅的技藝。
對需求的應對力 ◎
透過師傅的高超技藝予以細節應對。
劣勢
品牌力 ◎
只有少數人知道這個品牌，知名度仍有待加強。
成本 ✕
師傅的工序繁瑣，難以壓低成本。
產量 ✕
機台只有 60 台，也沒有多餘資金投資設備。
✕ 失敗劇本
明知在成本、產量等面向贏不過外國廠商，仍生產低價包款與外國廠商對抗。
◎ 勝利劇本
開拓具成長性的新市場，並以優異品質應對顧客的全新需求。但是尚需提高品牌力。

已。但是只要成功繪製出清楚的邏輯樹，相信也會體驗到將問題整理得條理清晰的快感。

▼邏輯樹的四個原則

繪製邏輯樹的方法就是重複零通過。但是各位仍需記得，繪製邏輯樹有四個原則。

•原則1 統一切入點•

在試著整理問題的過程當中，必須繪製出具有規則性的邏輯樹。明確地統一切入點，才可以避免討論陷入混亂，這點相當重要。

假設在面對「提升商品銷售額」的問題時，我們提出了兩個論點，其一是「向年輕族群推銷」這個以顧客為導向的論點；其二是「刊登網路廣告」這個以宣傳為導向的論點。由於兩者的切入點並不相同，因此將會無法繪製清楚的邏輯樹。希望各位在繪製邏輯樹的過程當中，要一邊確定所列出的論點是否具備相同的切入點。

原則2以MECE統整論點

在整理與分類論點時，要遵照MECE原則，不可遺漏、重疊。否則自以為分類好的論點將會混成一團，難以理出頭緒。

但是不同於算數學，做生意不可能一〇〇%把論點分得漂漂亮亮。其實我們也無須對討論內容的精確度吹毛求疵。只要大致將論點分出A、B、C等項目，並且讓自己、周遭眾人都可以接受就行了。

原則3付諸實踐時，優先考量重要切入點

例如在設計包包的階段，要考量到所販售的顧客（顧客區隔），以及所銷售的都市（販售地區）。

如果先考量販售地區的切入點會如何呢？即使先行分出東京、大阪、名古屋等地區，還是要再一一進行顧客區隔。而相信不管是東京、大阪、名古屋，內容都不會有太大變化。

相反地，若是先考量顧客區隔的切入點呢？如此一來，就可以直接根據顧客區隔考量設計上的策略。的確，若是先行考量販售地區的切入點，也是可以得出「大阪的設計要更華麗些」等論點，但我也相信，從顧客區隔得

▼當邏輯樹的切入點統一，看起來就是井然有序

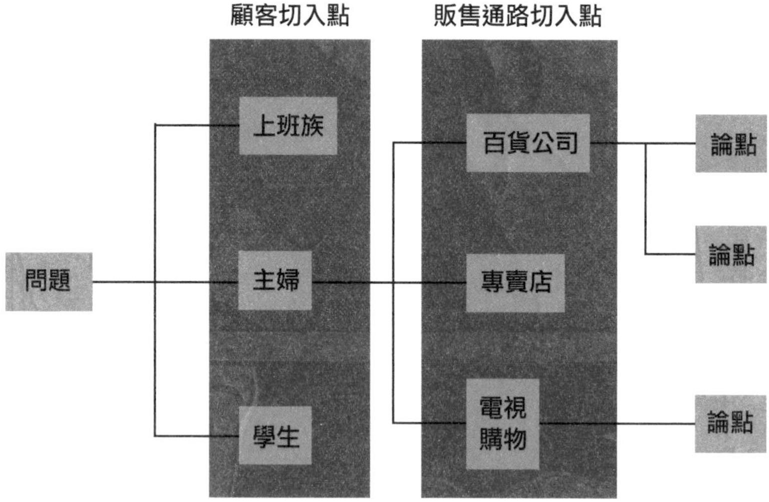

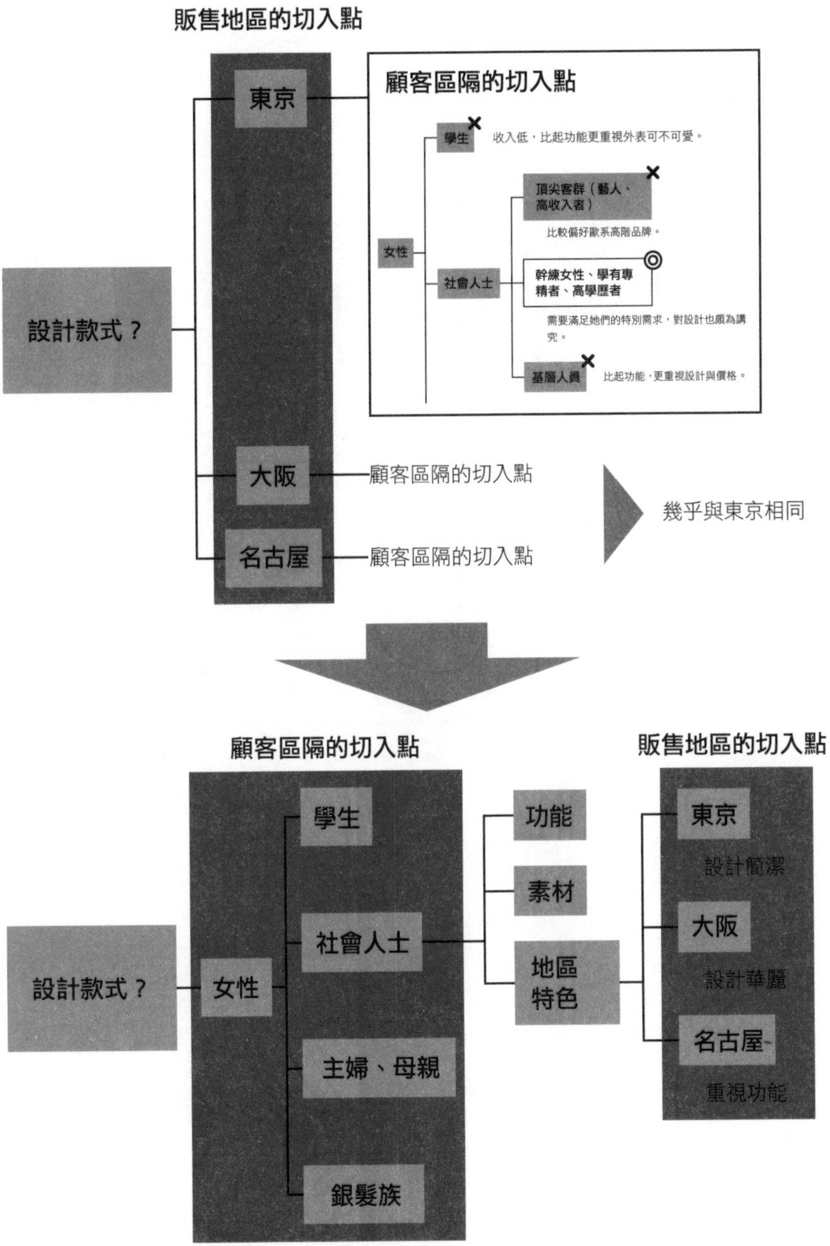

▲販售地區只是一項需考量的要素，並非最重要的論點

出的論點會重要許多。

由於顧客區隔的切入點較為重要，因此要先行考量，之後再以販售地區的切入點作為補充。就像是這樣子，**我們要優先考量重要切入點，藉此整理問題**。

原則4 不可以將所有論點都細分

有些論點並不重要，無法直接幫助解決問題。針對這類論點，就不用進一步地細分。只要單純把它們給列出來就行了。畢竟這類論點並不重要，即便力求改善，也無法幫助解決

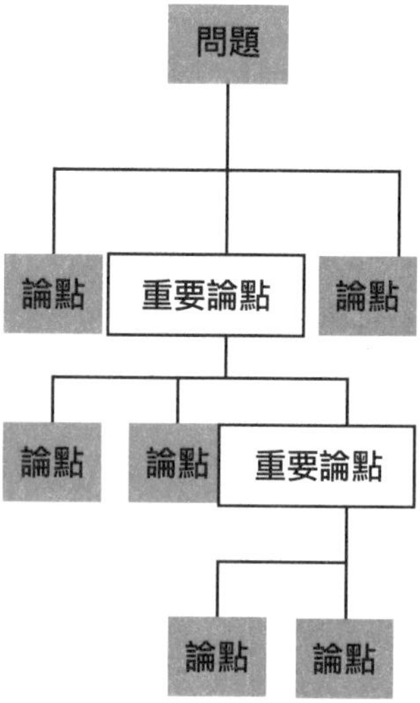

▲鎖定重要論點，整理問題就會變得很簡單

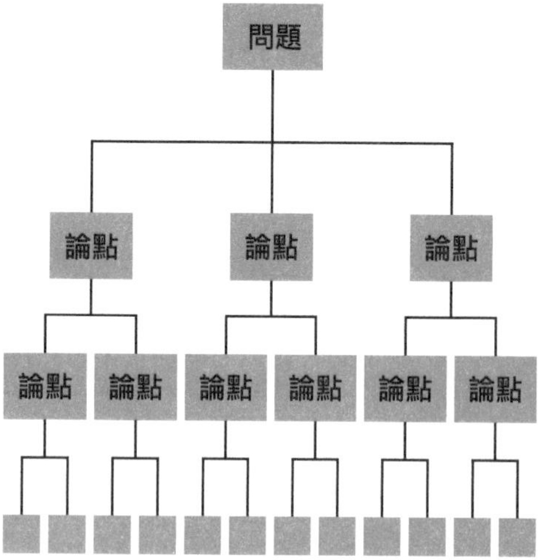

▲分得過細，將會混亂一片，抓不到問題本質

問題。

但是對於那些有助於解決問題的重要論點，可就要詳加整理了。而針對在其中至關重要的論點，更是要進一步細分。

雖然我們總是會忍不住想要細分所有論點，但是我必須說，這完全是在浪

Point

其他的「切入點」

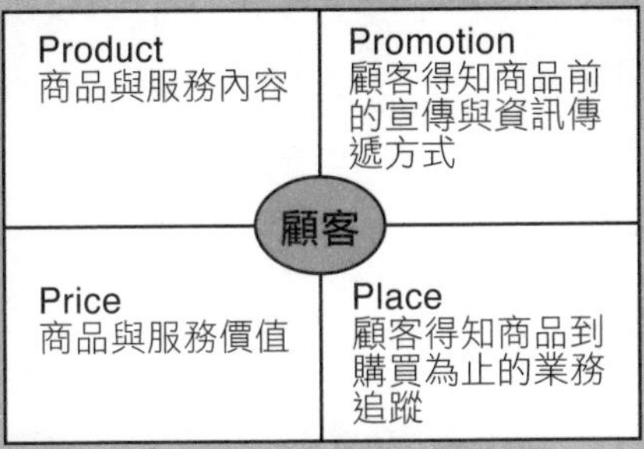
Product
商品與服務內容
Promotion
顧客得知商品前的宣傳與資訊傳遞方式
顧客
Price
商品與服務價值
Place
顧客得知商品到購買為止的業務追蹤

▲以 4P 理論分出論點的方法

在解決業務、銷售策略等問題時，我們會使用「4P」作為切入點。

有不少公司總是注重自家商品的內容，卻疏於業務追蹤與資訊傳遞。結果商品賣不掉仍未察覺是自己疏於業務追蹤與資訊傳遞，反而選擇降價求售，形同自斷生路。

若是這類公司能夠以 4P 理論來檢討論點，通常就能夠發現，真正的問題並非出在商品本身與價格上。

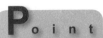

費時間的愚蠢行為。當邏輯樹上只標示有助解決問題的重要論點時，就會顯得相當井然有序，不至於複雜而混亂。

▼會混亂也是意料中事，設法繪製大家都能接受的邏輯樹

面對一個問題，邏輯樹的組合卻可以有幾百萬種。正確解答也不只一種。

只要能夠讓自己的思緒清晰，同時能夠簡潔地向周遭說明，團隊成員也都認同，那就是一個理想而合格的邏輯樹。

照常理來說，繪製邏輯樹的成員大約需要三至六名，並耗費半天時間集中討論。如果每次只

削價競爭有極限，所以還是要著重在品牌力上啊！
以後不要便宜賣了。
沒錯！只要能掌握周遭環境與自身優勢，就可以找到前進方向了。

是隨便討論一小時，那麼即便討論好幾次，也對進度沒有幫助。因此在討論的過程當中，一定要貫徹始終，即使進度延宕也要有熬夜的覺悟，切忌半途而廢。

雖然過程累人，但是只要能夠讓團隊成員取得共識，消弭彼此間的對立，後續進度就會相當順利。

相信在首度繪製邏輯樹時，各位一定會感到無從下手。

或許會耗時一天之久，討論過程也混亂不堪。但是只要肯嘗試，總是會逐漸掌握訣竅。

而且即便在繪製邏輯樹的過程當中吃些苦頭，也並不代表各位的腦袋不靈光。既然所面對

畢竟選包包也挺花精神與時間，
所以我很希望有個喜歡又耐用的包包，讓我能每天使用。

的問題並沒有單一解法，**那麼在繪製邏輯樹的過程當中會混亂也是意料中事，這代表各位的做法並沒有錯。**

各位別看真琴繪製邏輯樹的過程看似輕鬆愉快，相信她至少也花上三小時的時間重複嘗試與零通過，最後才大功告成。而在途中，她或許還多次怨嘆自己幹嘛接下如此吃力不討好的工作呢。

有時候如果只花短短的三十分鐘就完成繪製，反而更該多加注意，因為很有可能漏掉某些重要論點。

或許各位會感到麻煩，這也是在所難免的事情。畢竟如果對問題置之不理，接下來它可是會煩上好幾個月啊。換個角度想想，繪製邏輯樹頂多花費一天，可真是一筆好買賣啊。

終於畫好邏輯樹了。那麼接下來就**明確地列出本質性的論點吧**。如此一來，就可以找到解決問題的突破口。

但是要怎麼鎖定本質性的論點呢？

譬如「藏崎帆布的商品價位較高」，這個論點算是本質性的論點嗎？

這個嘛，雖然這個論點是事實，但似乎也算不上是導致銷售額無法成長的問題啊。

我們家的老顧客都認為「藏崎帆布的商品價位較高，但是品質良好」。所以我想即便外國的產品價位便宜，但是品質欠佳，所以我們家的老顧客不可能變心。

所以這就不算是本質性的論點囉？

沒錯，在逐一檢視的過程當中，我們應該就會發現，本質性的論點是「維持高品質，並提高品牌力」。

▼尋找本質性的論點

在繪製邏輯樹時，要先釐清哪些是本質性的論點。**大致上只要邏輯正確，就可以透過「推論」逐漸洞悉何者是本質性的論點**。

推論的基本原則是設問**「解決該論點之後，問題是否就能夠獲得解決」**，做法可以參考美帆與真琴的互動。

我們列出各種各樣的論點，而只要解決了某些論點，問題大致上就會得到解決，這些論點就是所謂的本質性論點；反之在解決之後對整體問題影響甚微的論點，則不是本質性論點。

在尋找本質性論點的過程當中，各位除了進行內部推論之外，也要試著進行數據分析，或是詢問顧客與相關人員，藉此確認論點是否重要。

但是**所進行的推論未必正確**，因此必須在最後階段進行確認。而在目前階段，只要先判斷該論點是否重要就行了。

請各位透過上述的推論過程，逐漸鎖定一兩個重要論點。

接下來只要解決這些「重要論點」就行了。

即便只是一兩個重要論點，相信也並不好解決。再說了，以現實角度來看，要完美解決所有問題無非癡人說夢。**只要解決了重要論點，並讓七、八成的問題迎刃而解，相信已經交出了一張不錯的成績單。**

時間有限，所以要集中用來解決本質性的論點。把時間與力氣耗

Point

邏輯樹的類型

根據問題的性質不同，邏輯樹總共可分為四種類型。

「多選一型」是從複數選項擇一，藉此得出結論的類型；「對策型」則是針對問題思考「後續行動」與相關對策，是最常用的類型；「原因追查型」能夠幫助探究造成論點的原因，進而解決問題；「論證型」則能夠抽絲剝繭地進行論證，一步一腳印地得出結論。

費在不重要的論點上，不僅無法幫助解決問題，更是白白浪費各位的工作時間與人生精華。

▼本質性的論點只有一兩個。如何辨別它們至關重要

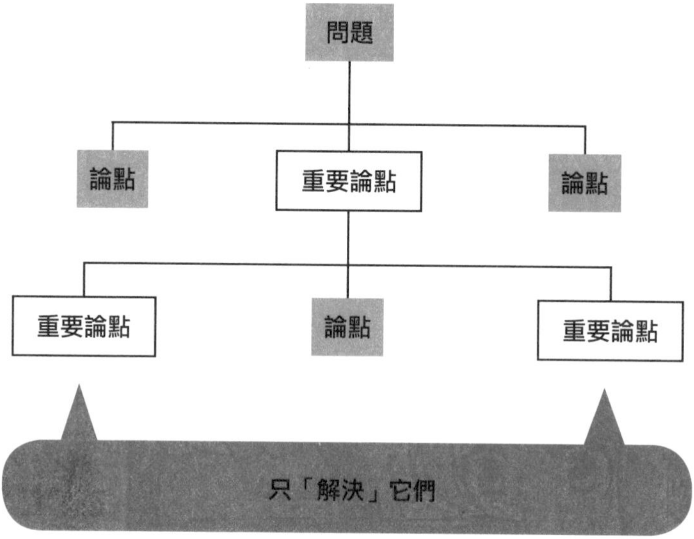

Problem Solving

第2章

擬定假設

解決問題的方法不可能馬上就冒出來，首先要擬定「假設」，再試著思考該假設是否有助於解決問題。

事務所
健大人，如何啊？
Na1
嗯，我覺得不錯。
闔上
那健大人，我們就用它來試作囉？
這份工作就全權交給妳去做了。
吼，我想要你多給一些建議嘛！
特別是有關男性的部分。
貼近

抱歉，我要去幼稚園接小愛了。
推開
我很清楚健大人痛苦的心情！
但是你也該振作了，這也是為了小愛好啊！
不悅
妳懂什麼？
由加理死了啊！
從此我的心也壞死了。
別管我了！
關門
我一定會讓健大人振作起來！

我回來了！
開門聲
東京好遠哦！
推眼鏡
啊，美帆，妳回來啦！
我搭一大早的新幹線回來的，
畢竟今天還有事情要忙。
我跟妳介紹的幹練女性們見面啦！
妳平常都跟那麼厲害的人一起工作哦？
塞滿滿
我也很厲害唷！
得意
好啦好啦，我承認好嗎！
我哥也請妳多多指教了，
當然只在工作上就是了。
人形燒

……
認真
當然了!
妳看這個。
!
這是?妳趁我去東京時畫的嗎?
畫那麼多?
才三天耶!
而且還畫得那麼漂亮!
我們公司的網拍商品五花八門,
所以我常常在想怎樣讓商品更好。
擬定假設很重要呢。
假設?
沒錯,假設是一個基礎,能夠幫助得出商品設計方向、銷售策略等結論。
快教教我!教我什麼是假設!!
我還在吃東西耶。
拍桌站起
首先,我們要站在顧客的角度擬定假設,
否則商品是賣不出去的。

還有不可以受限於常識，
否則也得不出標新立異的新點子。
嗯…舉例來說，
通常我們只能在上班日的白天去更新駕照，對吧？
但是上班族哪有時間可以去？
昭和XX年XX月XX日
XX月XX日
到OO生日有效
駕照
所以他們會希望能在六、日，或是平日晚間換照。
沒錯，這就是站在顧客角度思考，
但是妳卻被平日晚上和六、日職員一定要休息的常識所侷限，
這樣子一個人想事情，是得不出好點子的。
妳該做的是大家一起腦力激盪，交換不同點子，
而且也不要否定任何意見，藉此讓想法變得更宏觀，這很重要。
一開始，假設重量不重質，
成功的重點端看最後能得出多少假設。
然後啊——
說個沒完

讓我休息一會兒。
累癱
真沒出息！
算了，或許對初學者來說太難了點。
想吐
腦袋糊成一片了啦！
但是我不能輸！
捶
桌
啊！
不好，已經這麼晚了！
聊天聲
聊天聲
岡田先生，你今天退休吼！
長久以來辛苦您了，
這個送給你。
這是？

我一直很想要這個啊…
丸谷燒組合…
您也上年紀了，別喝太多啊！
謝謝您在我們家工作至今。
叔叔們也老了啊，
以前他們很常陪我玩啊。
為了他們，我一定要讓新品牌成功！
居酒屋
居酒屋
乾杯！
碰杯聲！

話說美帆請客可真稀奇啊！
有人請客就好啦!!
先來個綜合烤肉串吧！
我也是！
這可不是單純的聚會唷！
想出一個好意見，才能有一次點餐權！
小氣鬼！
沒關係啦，我們幫她吧，當作慶祝美帆當上董事，
畢竟藏崎帆布也是我們小鎮的驕傲啊。
嗯，說到包包…
環保袋一點都不環保嘛！
咦？
有些超市不是自備環保袋就會打折嗎？
不拿塑膠袋可以折兩百圓。
ECO
有耶，我家附近就有。
但是環保袋大多便宜而不耐用，扔了再買，很不環保呢！
沒錯沒錯！

真希望能買到耐用又能裝很多東西的包包。
如果設計又耐看，可以揹個四、五年，稍微偏貴也沒有關係。
多少錢妳肯買？
這個嘛，大概五千日圓上下吧？
如果能夠揹著上班，那一萬日圓以內都還可以考慮啊。
一萬日圓對主婦來說太貴了。
因為自己單身多花些錢無所謂，但反而對名牌沒有興趣的幹練女性我認為還不少，
這類人比較重視品質與功能。
重視品質，就代表不用跟便宜的外國貨對著幹囉？
沒錯沒錯，
那些沒有名氣，但是高品質的包包廠商才是妳的對手。
皮革包雖時尚，可是保養很傷腦筋啊！
如果可以直接丟進洗衣機洗就好了。
直接洗？
對啊，放進去攪。
當然只是夢想啦！

啊，有人真的提出這個點子呢。
是位人氣部落客。
啊，我知道她！
中山桑！是時尚教主啊！
中山 Blog！
ARCAIVE
LINK
COMMENT
如果可以直接丟洗衣機，就比皮革包多出一個優勢了。
原來如此！店員先生，我們要加點！
太棒了！——♡
原來如此，這就是所謂的腦力激盪啊⋯
下次選間便宜點的店吧！
咦？好厲害！
好可愛！

只花一個禮拜就做出這些樣品了？
是啊，
當然是有借助外面的設計師跟師傅的力量啦。
那麼我們就來鎖定商品種類吧！
咦？不能全部都賣嗎？
不行啦，要盡可能鎖定商品種類，
賣最棒的商品才能賣得好啊！
真浪費⋯⋯
這是小愛的！
哇，好可愛。
這個隔熱手套的設計靈感是來自小愛畫的兔子唷！

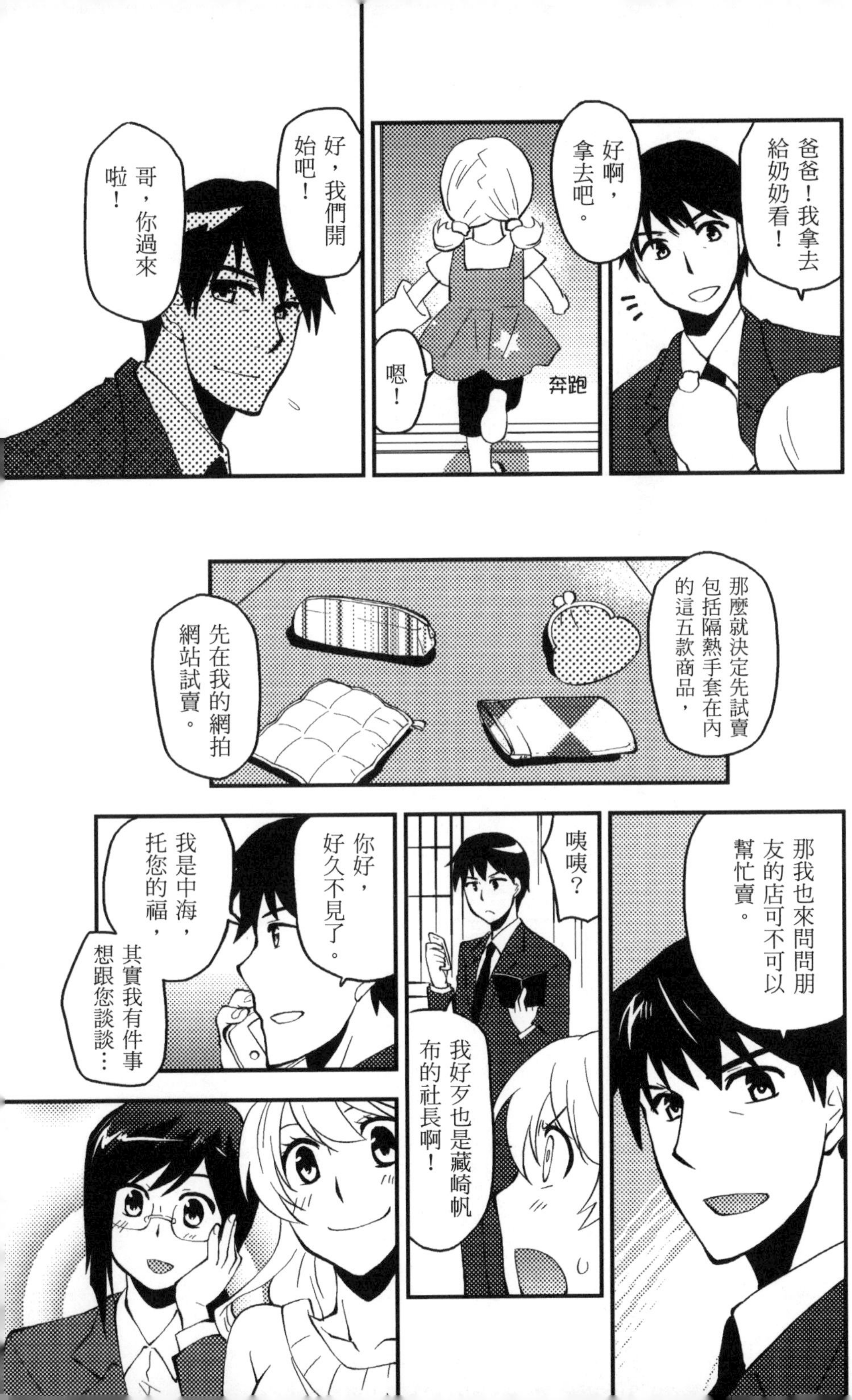
爸爸！我拿去給奶奶看！
好啊，拿去吧。
嗯！
奔跑
好，我們開始吧！
哥，你過來啦！
那麼就決定先試賣包括隔熱手套在內的這五款商品，
先在我的網拍網站試賣。
那我也來問問朋友的店可不可以幫忙賣。
咦咦？
我好歹也是藏崎帆布的社長啊！
你好，好久不見了。
我是中海，托您的福，
其實我有件事想跟您談談…

好久沒看到哥哥這樣了，
好有精神啊！
我一直覺得自己很無能，
不只救不了由加理，連小愛也變這樣…
但是看著小愛拿著隔熱手套玩耍，我發現一件事，
那就是，我們賣的商品或許也能讓人重拾笑容。
沒錯，哥哥你才不無能呢！
只要你想，就能做得到！
哈哈，謝啦！
哥哥變開朗了…

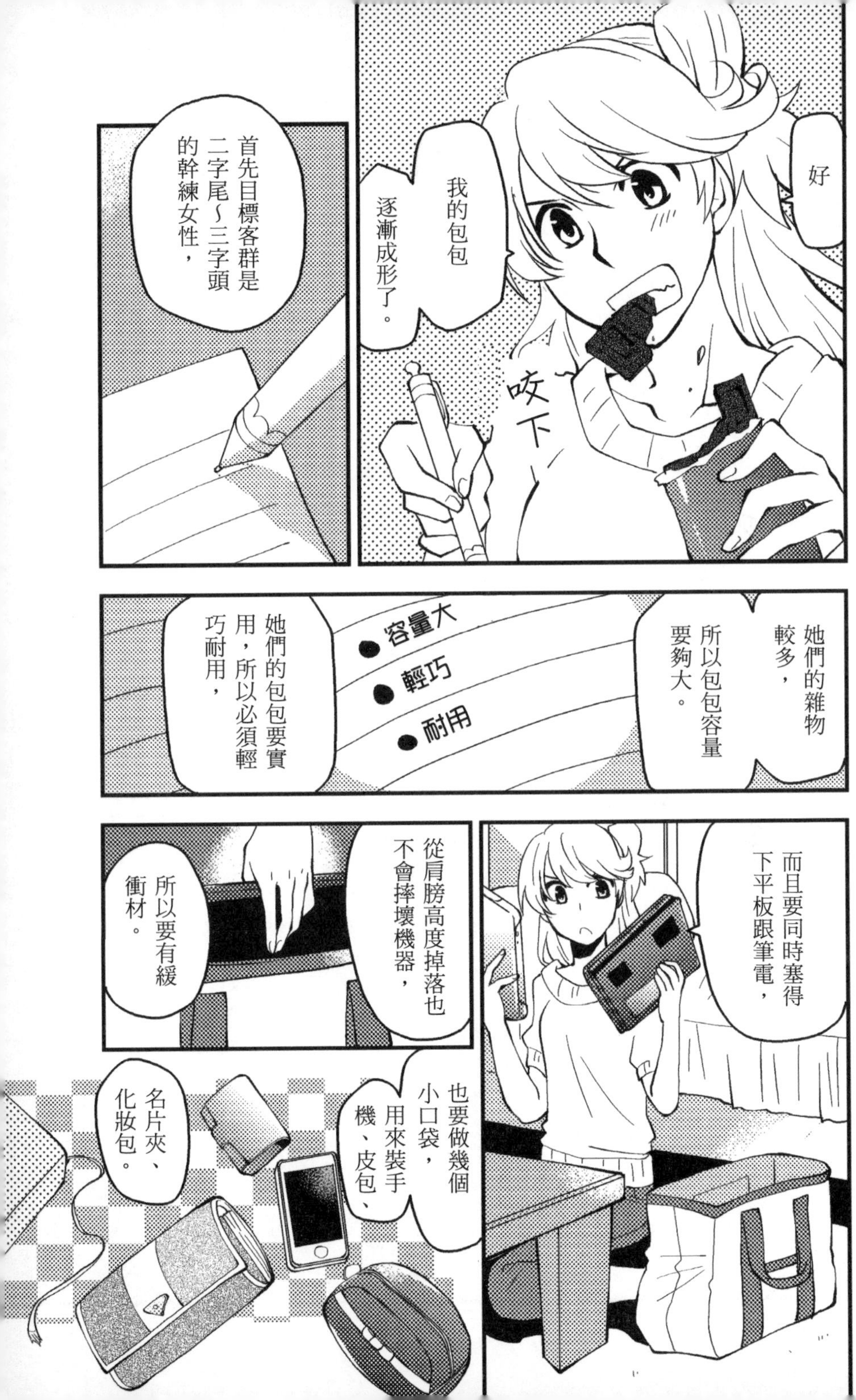
好
我的包包逐漸成形了。
咬下
首先目標客群是二字尾～三字頭的幹練女性，
她們的雜物較多，所以包包容量要夠大。
容量大
輕巧
耐用
她們的包包要實用，所以必須輕巧耐用，
而且要同時塞得下平板跟筆電，
從肩膀高度掉落也不會摔壞機器，
所以要有緩衝材。
也要做幾個小口袋，用來裝手機、皮包、
名片夾、化妝包。

競爭對手是皮革包，
皮革
成本面完全不會輸。
雖然搭配發泡轉印、貼箔加工等技法成本會稍微變高，但可呈現不會輸給皮革包的質感了。
而且上色起來比皮革包還好看，
能夠得到接近想像的顏色。
加上又能直接丟洗衣機水洗，跟皮革包就做出差別化了。
若是皮革包就得要有兩個，不然送保養時就沒有備用包了。
問題是該找誰來設計？
太貴的設計師我可請不起啊…
實力要有…
費用也不能太貴…
翻動
就她了…
停住…
新谷莉乃

接下來就是通路了。
怎麼賣？
百貨公司只賣一線品牌，
能夠幫助提升品牌形象，
高山屋
但是百貨公司抽成高，所以還是趁有活動時再去吧。
電視購物的價錢殺得很誇張，是一大挑戰，但是也不無挑戰價值。
眼鏡委員長在她的網拍網站幫忙賣，
所以就先在那裡還有我們自己的官網賣賣看吧！
百貨店 ← 有條件
電視
官網
數個月後
如各位所見，這是日用品的營業額資料。
哇，好厲害！

試賣結果
嗯嗯，銷量比想像來得好呢！
是說小東西的單價便宜，利潤也少。
也不能這麼說，顧客可以透過這些小東西了解藏崎帆布的好處啊。
果然主力還是時尚的包包品牌啊。
美帆，妳要加油了！
樣品如何了？
啊，才剛決定好設計，
設計稿下禮拜會好。
咦？好～慢～哦！
妳要加快腳步啊。
真琴，妳別太逼她啦！
拍頭
畢竟美帆是第一次做這種工作啊。

嗯
我會加油!!
不會輸給真琴的……
哦？
終於肯叫我真琴啦？
乾脆叫我大嫂不是更好。
誰要啊！
生氣
這只是在尊敬妳的實力罷了。
不屑
給妳個禮物吧。
去見見這個人吧！
誰？
山岸米雷？
日本能率出版
月刊 APHROTITI
代表董事
總編輯
山岸米雷

解說 No. 3

擬定假設

從眾多點子當中研擬出解決對策

我們終於知道，得要打造以幹練女性為取向的全新包包品牌，才能夠解決藏崎帆布所面臨的問題。但是又該設計怎樣的款式呢？

這時候就要靠假設來解決問題了。我們要提出各種各樣的點子，從中擬定假設。

原來如此，要先提出點子啊。既然是以幹練女性為取向的包包，我想容量要夠大。

真不愧是健大人！這類包包其實意外地少，所以我才會使用這款實用的包包。

是啊，像那種麻布袋，只有妳才會用吧（苦笑）。但是兼具設計感與實用性的包包的確很少呢。

沒錯，所以讓我們來具體假設包包款式吧。不用想得太難，**畢竟在這個階段想出來的點子，有九成都是白搭**。但是少了這個環節，就得不到好的點子。

是嗎，那我就安心了。所以什麼點子都行囉？對了！要不要在包包上做個點心會自己跑出來的小口袋？

這設計也太孩子氣了吧？

不錯啊。有時候女性會有飢餓感，這時候會吃點甜食讓血糖上升，所以做個甜點專用口袋其實很不錯呢！

原來如此，不管是多跳 **TONE** 的點子，總之先提出來再說啊。

▼以「假設」的形式擬定解決對策

我們在第一章學到了洞悉問題本質的方法，但是問題並不會就此解決。

這可不是單純的聚會唷！
想出一個好意見，才能有一次點餐權！

「打造以幹練女性為取向的包包品牌」是藏崎帆布的本質性論點，因此他們必須成功建立品牌，才能夠解決自家所面臨的經營問題。

那具體來說，又該怎麼做呢？解決對策能夠幫助回答這個問題。

我們必須以「解決對策」的形式，思索諸如：設計款式、價格區間、販賣通路、宣傳行銷等部分。

而這些解決對策的雛型則是「假設」。

誠如第29頁所述，假設只是假設，而不是解決對策。但是不先想出

▼即便是美帆那種幼稚的發想，隨著不斷改進，最後也會形成可供實踐的方案

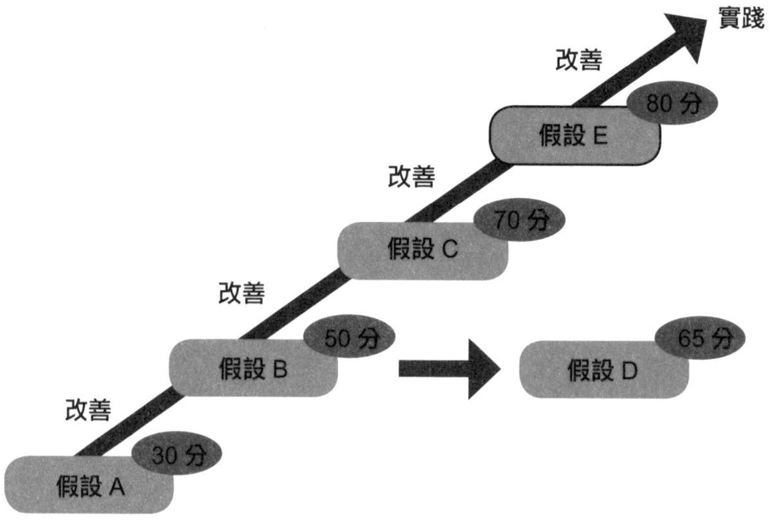

假設，就無法想出具體的解決對策。

假設一開始的完成度並不會太高，所以才需要我們一步步予以改善。剛開始想出的假設只要自我感覺有30分（滿分100）就夠了。

稍微做點改進，這假設的分數就會提高為50分、60分、70分、75分，可謂漸入佳境。只要假設的分數達到**75、80分左右，就稱得上是實用的解決對策**

Point

重點是不患得患失

並沒有什麼「神祕方程式」可以引導我們得出解決對策。而且任何假設都會有錯誤跟缺點。

但是不少公司在擬定解決對策時，總是會誤以為「剛開始就要擬定完成度高的解決對策」，最後往往弄得連假設都給不出來。

常常會有人下意識認為「自己不能說錯話」，所以不敢隨意發言。

其實就算想出錯誤的假設，再想出其他假設去補救不就好了。對於問題解決來說，不患得患失的精神相當重要。

了。相信這時候的解決對策已經能夠幫得上忙。

但解決對策也不可能盡善盡美。在得出解決對策的雛型之後，還可以進一步優化。80分、85分、90分，分數會隨著改善過程越來越高。

解決對策可說是假設的延伸，因此也擁有無限的改善空間。

▼如何想出點子

在擬定假設時，首先要想出各種各樣的點子，再具體形塑成為解決對策。

那麼又該如何想出點子呢？

邏輯樹在繪製上重視「邏輯」，而擬定假設則需要豐富的「想像力」。

研究指出，左腦掌管邏輯，右腦掌管想像力。也就是說，**左腦負責繪製邏輯樹，右腦負責擬定假設，左右腦齊心協力就可以解決問題**。

右腦掌管想像力，也被稱做視覺腦。因此若是跟使用左腦的時候一樣，盡是去想些邏輯、抽象概念，也無助於想像力運作。此時親眼看些影像、圖像，才能夠幫助想出點子。

例如即便透過 Excel 分析再多與賣包包有關的統計數據，也無助於想出新點子。

各位要以各種角度去思考，為何會出現這些數據，以及具體的使用情境。譬如「幹練女性在擁擠車廂中抱著重要文件時，她們會需要怎樣的包包」、「下班後跟姊妹聚會時，揹哪種包包才會引起話題」等。**而想像內容越是具體，越是能得出更多點子。**

▼左右腦的差別

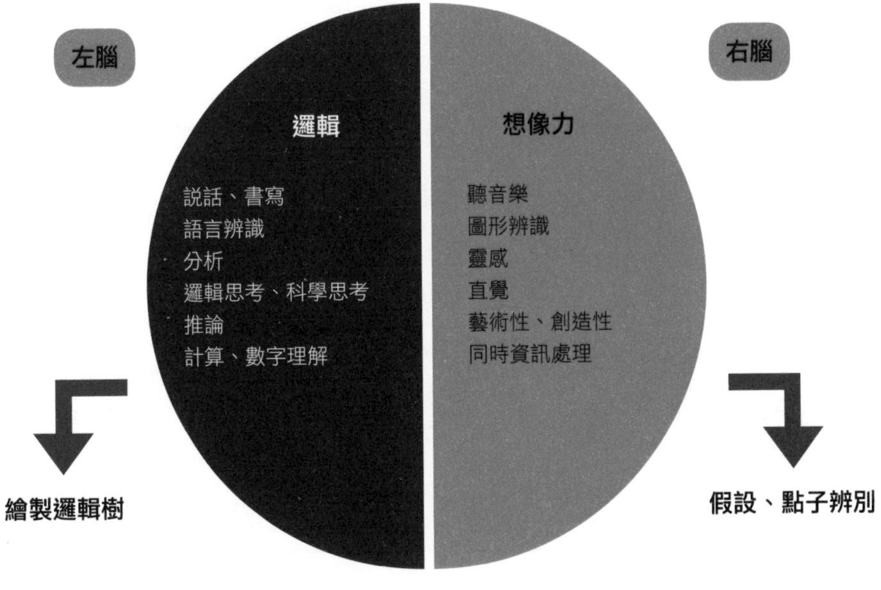
左腦
右腦
邏輯
說話、書寫
語言辨識
分析
邏輯思考、科學思考
推論
計算、數字理解
想像力
聽音樂
圖形辨識
靈感
直覺
藝術性、創造性
同時資訊處理
繪製邏輯樹
假設、點子辨別

而據說右腦在運作時，人會露出笑容。

假設有兩個團隊。一個在擬定假設的討論過程中顯得正式但枯燥乏味；另一個則歡樂詼諧，笑聲陣陣地進行討論，有時還會穿插些玩笑話。

事實上，在正常公司裡會被誇獎的團隊可能會是前者。

畢竟公司的日常業務重視紀律，並不是那麼需要新點子。因此能夠踏實完成交付任務的團隊，比較能獲得成果。

但是解決問題需要豐富想像力，此時毫無例外地，後者比較能夠想出好點子，進而擬定有效的假設。所以各位在擬定假設時，

▼觀點與思考角度不同，所想出的點子也會更加豐富

重視品質，就代表不用跟便宜的外國貨對著幹囉？
沒錯沒錯，
那些沒有名氣，但是高品質的包包廠商才是妳的對手。
皮革包雖時尚，可是保養很傷腦筋啊！
如果可以直接丟進洗衣機洗就好了。

也應該要歡樂而認真地進行討論，即使這種做法會稍微遭到周遭白眼。

各位要活用自己的想像力想出點子。而且在一開始，點子越是荒誕無稽越好。

在驗證的過程當中，各位會發現，這些點子幾乎都派不上用場。但是其中也會有一至二個能夠發展成解決對策的好東西。

因此即便當下就覺得「派不上用場」的點子，也切記不可無視。這時候反而要問問想出這些點子的人，為何會有這些想法。或是開始思考是否有辦法付諸實踐。如此一來，想出的點子也將更具實用性。

正確的態度是對所有點子都一視同仁地傾聽，即便乍聽之下多麼愚蠢。

這些點子是解決問題的出發點，**數量自然是越多越好**。

各位要把筆記本、白板寫得滿到不能再滿，盡可能地想出點子。從三個看起來還不錯的點子當中選出最佳解答，與從一百個看起來平凡無奇的點子當中選出最佳解答，毫無疑問的會是後者較佳。在點子較少時，人們往往會過於執著自己想出來的點子，以致功敗垂成。相反的，常常會有點子乍看之下愚不可及，最後卻衍生出相當棒的創意。

而且我們所想出來的點子本來就是良莠不齊，「良者」頂多占整體的一至兩成，其餘都是派不上用場的「莠者」。各位可別總是想要去增加良者的比例，也就是設法想出「好點子」。因為即便良者的比例增加到兩倍，莠者還是比較多啊。因此各位應該要放棄殺紅眼去尋找良者的做法，而是要盡可能給出各種點子，即便品質良莠不齊。如此一來，其中也一定會有良者。

最開始至少也該準備五十至一百個點子，再用這些點子去擬定假設。如果點子數量不夠，就沒辦法擬定優質假設了。雖然要想出大量點子頗為艱難，但是我們往往也能從這些龍蛇混雜的點子當中得出優質的解決對策。

▼擬定樣板

在針對顧客擬定商品與服務的企劃時，**站在顧客角度思考的做法**相當有效。

身為公司的一份子，員工總是會以公司為優先考量，幾乎不會站在顧客立場思考。有些人並不認同這種說法，認為自己身為第一線銷售人員，每天都要與顧客接觸，總是會站在顧客立場思考。

但是這些人幾乎都只是妄自揣摩顧客的想法。由於業務工作繁忙，銷售人員腦海中大都充斥著「得要快點把新商品賣出去」、「不能再給更多折扣了」、「要賣給哪些顧客，才能夠達成這個月的業績門檻呢」等想法。主語全都是公司、自己，並未切身為顧客考量。

站在顧客的角度思考，**並以「顧客為主語」，才能夠給出天馬行空的點子**。而擬定顧客樣板可以幫助做到以「顧客為主語」。

譬如藏崎帆布以幹練女性作為目標客群，那或許就會有下面這種顧客樣板：

・藏田咲子（假名），33歲，家住東京都杉並區，未婚
・於日本能力本部出版社（假稱）擔任編輯
・畢業於日本大學經濟系，已在公司任職十一年，年收入為六百萬日圓
・總是負責五本以上的書籍出版計畫與編輯作業，常常加班到半夜
・有交往對象，但是只會在周末見面
・以每個月一次的頻率，在平日晚間與同業的女性編輯去喝酒

在設想這位藏田小姐會想要哪種包包的過程當中，點子也將跟著浮現。

我們將這位藏田小姐稱作「**樣板**」。實際的操作方式就是設定數種樣板，再想像她們會想要怎樣的包包，進而衍生出各種點子。

樣板可以是純屬虛構，也可以是真實存在的人物。總之樣板就是「顧客代表」，可以視情況設定數種樣板。

順帶一提，川奈真琴雖然也屬於幹練女性的一份子，但是卻不適合作為樣板，因為她身為上市企業的社長，身分實在過於特殊。

Point

顧客為法人時的樣板

顧客為法人時，我們應該將決策者設定為樣板。而此處所說的決策者，大多是企業經營者。

例如當自家的商品是以中小企業為取向的資訊系統時，經營者們多半面臨各種煩惱，諸如業界與市場的需求、員工培育等。

「我們家的系統很受歡迎唷，今天還可以給您很棒的折扣」，光靠這種空泛的提案方式，是不可能賣得出去的。提案時應該要擬定一個假設，說服對方「這個系統能夠幫忙解決問題，並且提升公司業績」。

但是許多業務所接洽的窗口都是系統人員，或者是採購單位，而不是經營者。以致他們誤解「便宜」與「全方位的資安對策」才是顧客的需求，從來沒有回應到經營者的需求。

我們只要設定清楚的顧客樣板，就可以順利理解顧客，進而給出符合顧客需求的提案。

▼將點子進一步打造成假設

在前面階段當中，我們構思出各種各樣的點子。接下來則要從中選出較為有趣、看起來似乎能夠發展為解決對策的點子，並以其為中心打造假設。假設的數量不限，以三至五個的複數為佳。各位可以多加嘗試，從中選出最佳者，或是將它們組合在一起執行。

而在打造假設的過程當中，**「常識」是最大阻礙**。「成本太高」、「沒有人這樣做好嗎」、「出問題了誰來扛」等常識，都對全新的假設造成阻礙。

既然我們都是社會人士，自然會去遵從常識，而且越是認真的人，越是難以跳脫出常識。但若是優先考量公司的常識，罔顧顧客角度的思考方式，可就難以給出全新的假設了。

若改以長遠眼光來看，所謂的常識其實也會發生相當大的變化。

例如大約十年前網路才在家庭當中普及，人們也開始能用手機上網。而大約在五年前，智慧型手機與平板問世，現在人們應該都難以想像沒有智慧型手機與網路搜尋的生活，對吧？相信技術以及社會今後也將持續改變。

以長遠眼光來看，業界常識也將日新月異。

相信在五年前，以及五年後的現在，各位的公司在販售商品、部門等方面都變化頗多。

而為了擺脫常識的框架，各位要試著站在顧客這「外行人」的角度思考。

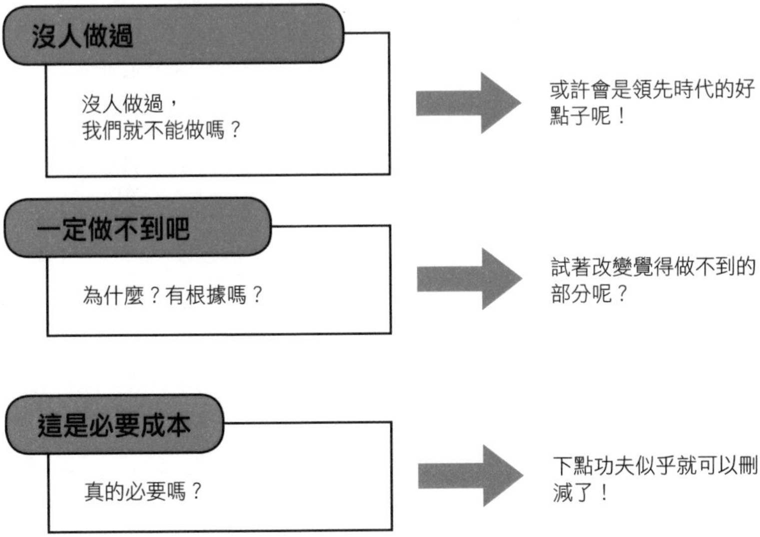
沒人做過
沒人做過，
我們就不能做嗎？
或許會是領先時代的好點子呢！
一定做不到吧
為什麼？有根據嗎？
試著改變覺得做不到的部分呢？
這是必要成本
真的必要嗎？
下點功夫似乎就可以刪減了！

正因為是外行人，才能夠不受業界常識侷限。「為什麼」、「怎麼會」、「真的嗎」，面對論點，各位該做的是勇於提問。

然而在公司中，大家普遍認為這類問題愚不可及，畢竟也不可能因此推翻開會結果。因此大多數人都會察言觀色，選擇不發言。

但是當我們要打造假設時，會需要全新的點子，因此必須站在孩童或外行人的角度思考，纏人地持續拋出疑問，進而發現常識的漏洞。

所謂常識，可以說是一種「過往的成功經驗」。

但也因為過往的成功經驗已經過時，所以才會衍生問題。各位所打造的解決對策也是以未來為考量。而在擬定假設時，也該聚焦未來，而非過往或當下。

若是聚焦於過往或當下，總是會被負面思考所綁架，認為「沒有前例」、「很久以前做過但是失敗了」、「說是這麼說，但是我們沒有預算，也沒有人才」。

若是放眼未來，就容易正向思考，抱持「公司的這類商品賣得很成功」、

「部長與課長以前雖然反對，現在卻是最支持這個案子的人」等對未來的憧憬，進而容易想出好點子。

首先，我們應該要描繪出未來的理想情境，而不要被過往種種給綁架了。同時也要想想，該怎麼做才能達成理想。如此一來，就可以假設出「現在該做什麼」了。

以未來為起點，逆推出「當下該做的事」。這是實現理想未來的方法。

▼聚焦未來，就可以得出許多積極正向的意見

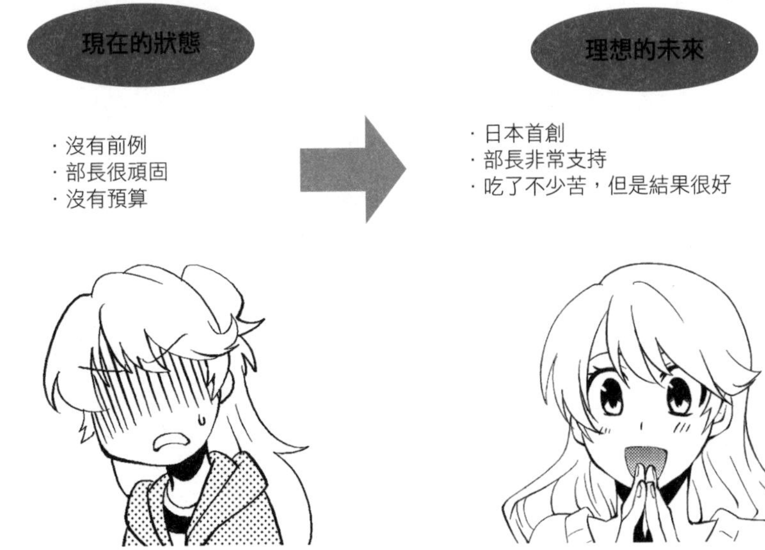
現在的狀態
· 沒有前例
· 部長很頑固
· 沒有預算
理想的未來
· 日本首創
· 部長非常支持
· 吃了不少苦，但是結果很好

▼並非對顧客的要求全盤照收就能打造假設

「站在顧客角度思考」，這與「傾聽顧客聲音」有些不同。傾聽顧客聲音並不一定就能打造優質假設。

就以拉麵店來說好了。

A拉麵店什麼菜色都會做，因為老闆歷經各種各樣的廚藝訓練。不管是用築地新鮮魚貨捏成的壽司，或是於義大利拜師學藝的道地義大利麵，全都在菜單上找得到。拉麵的風格更是琳瑯滿目，從旭川風到鹿兒島風，可謂無所不包。價位也並不貴。

B拉麵店的老闆同樣受過嚴格的廚藝訓練，但是菜單卻只有一道「北海道海鮮拉麵」，價格則設定稍貴一些。

試問各位看官，會比較喜歡去哪一間店呢？

實際詢問過後，我發現大家幾乎都選擇B店。但是單純就「傾聽顧客聲音，並加以實現」這點來說，A拉麵店應該再理想不過了。

假如我們到公司內部發問卷，調查大家喜歡吃的東西好了。大家不可能只想吃口味五花八門的拉麵，應該也會有人想要吃壽司或是義大利麵。而價格當然也是便宜的比較好囉。

但若是全盤照收「**顧客的聲音**」，假設將會出現偏差。而為了避免這種情況發生，各位應該要化身顧客，也就是「**站在顧客角度思考**」。如此一來，

▼我們必須鎖定目標，畢竟不可能實現所有顧客的願望

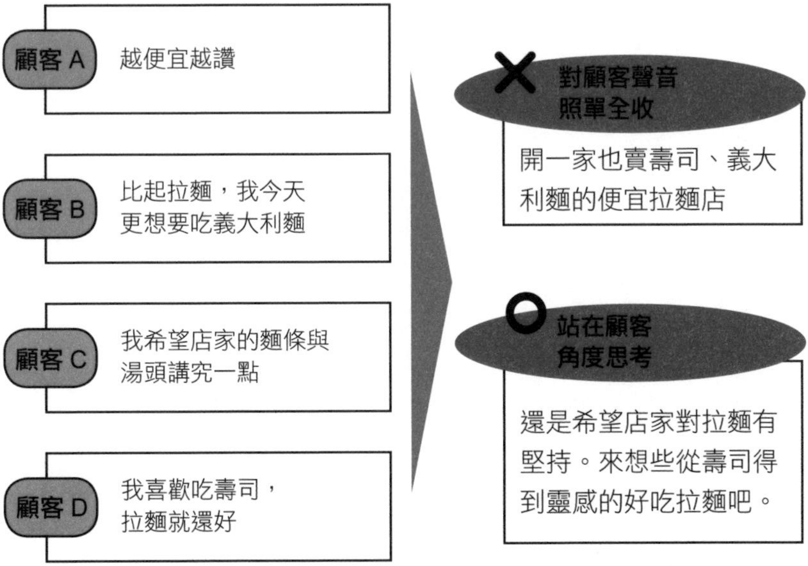

顧客A
越便宜越讚
顧客B
比起拉麵，我今天更想要吃義大利麵
顧客C
我希望店家的麵條與湯頭講究一點
顧客D
我喜歡吃壽司，拉麵就還好
對顧客聲音照單全收
開一家也賣壽司、義大利麵的便宜拉麵店
站在顧客角度思考
還是希望店家對拉麵有堅持。來想些從壽司得到靈感的好吃拉麵吧。

相信各位會選擇的是B拉麵店。

顧客不太可能會明確地指出「自己到底想要什麼」，所以各位才該徹底化身顧客，「站在顧客角度思考」。

如果自己的伴侶、孩子、朋友也是潛在顧客時，則可以把自己的假設說給他們聽，獲取他們的意見。敞開心胸，傾聽旁人以及自己最真實的聲音，藉此掌握顧客想要的究竟是什麼。這是一個很不錯的練習，能夠幫助打造「標新立異的假設」。

P r o b l e m   S o l v i n g

第3章

擬定執行方案

擬定好解決問題的假設之後，接下來就要擬定「執行方案」了。畢竟若是沒有付諸實踐，可稱不上解決對策。

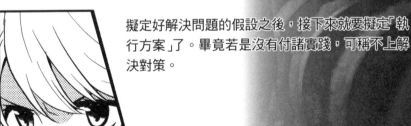

怎、怎
怎麼回事!?
帆布不夠了!?
老東家長年要我負責管帳，而他給我的命令是「以師傅們的生活為最優先考量」。
所以你就把帆布便宜賣掉啦!?
沒錯。
不然這個月的薪水就付不出來了。
為什麼!?

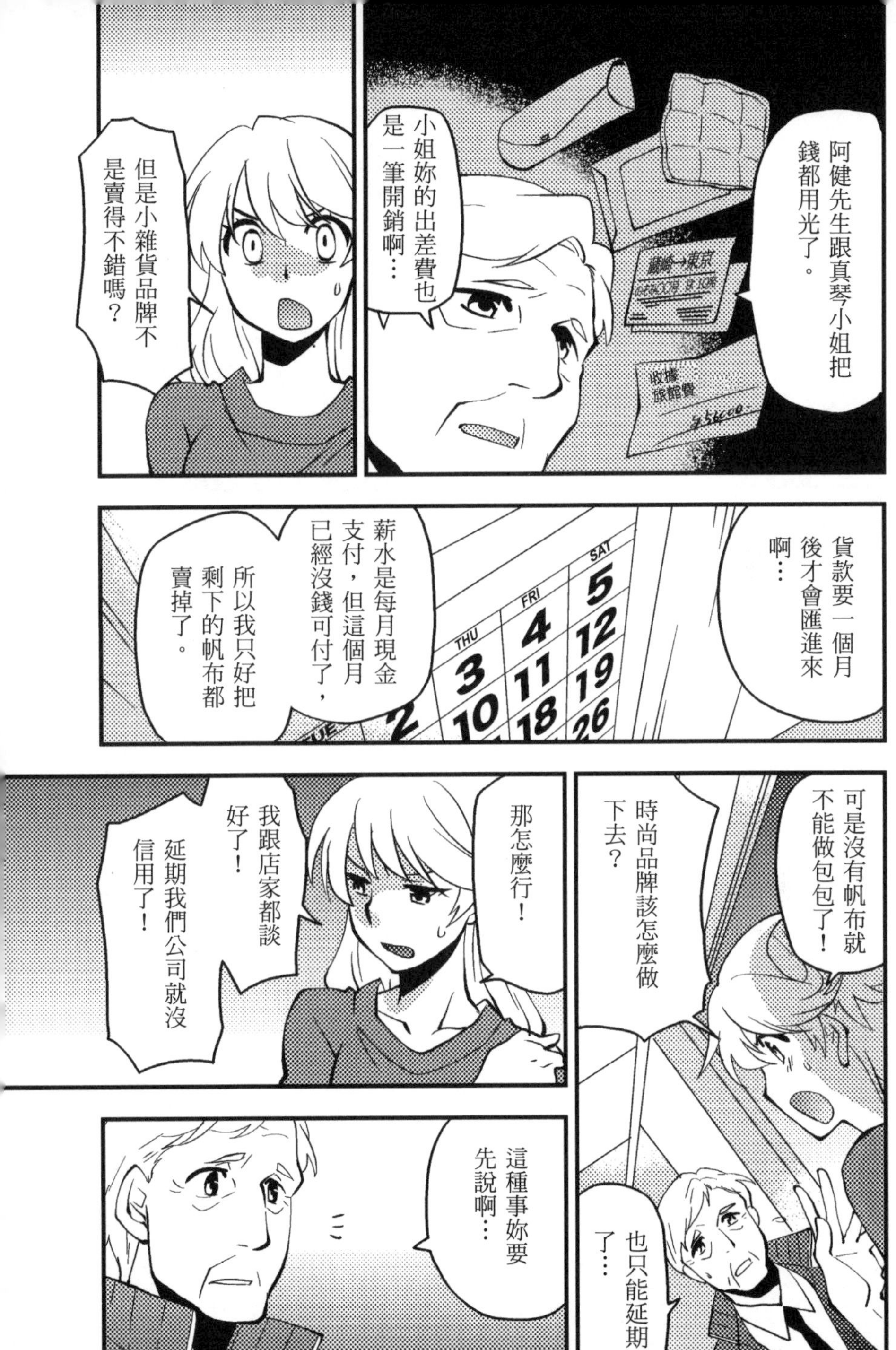
阿健先生跟真琴小姐把錢都用光了。
小姐妳的出差費也是一筆開銷啊…
但是小雜貨品牌不是賣得不錯嗎？
貨款要一個月後才會匯進來啊…
薪水是每月現金支付，但這個月已經沒錢可付了，
所以我只好把剩下的帆布都賣掉了。
可是沒有帆布就不能做包包了！
時尚品牌該怎麼做下去？
也只能延期了…
那怎麼行！
我跟店家都談好了！
延期我們公司就沒信用了！
這種事妳要先說啊…

我們根本什麼都不知道。
蛤!?
是啊…
我一股腦只想要打造新品牌…
但是實際做帆布的是這些師傅啊。
搬
小姐，我們並不反對打造新品牌，
但是新社長跟真琴小姐的做法太強硬，我們跟不上啊…
……
大家也是這樣想嗎？
瞥
點頭
…!

我知道了。
轉身
小姐……！
哇，小愛好會畫！
事務所
這是小兔子嗎？真可愛！
小愛很喜歡畫畫呢。
是啊，由佳理教她的。
是唷。
用力打開
這是怎麼回事！
什麼？

還敢問我什麼…
手機響
是，我是中海。
新谷小姐？
咦？
妳說要推掉我的設計案是怎麼回事！
拍謝，知名品牌跑來找我做設計，
我怎麼可能推掉呢？妳說對吧？♡
但是我先跟妳約好了的啊！
可是也沒簽約嘛！一線品牌跟你們這種鄉下工廠，該怎麼選很明顯吧？
我是遭誰惹誰了！
啊啊，我受夠了！
可惡
美、美帆…
現在是還能怎樣做！
帆布沒了，設計師還突然終止合作！

算了，布我來織，設計也我自己做吧！
老娘說到做到！
吼
來擬個執行方案吧！
執行方案？
是啊，
妳這樣橫衝直撞，真的有把事情做好過嗎？
死盯
以大方向來說，公司上下的目標是否一致呢？
而且分工若是不明確，又怎麼能互相合作呢？
不爽…
所以我們要具體考慮人力、設備物料、時間等資源的分配，幫助達成目標。
打開
先來訂短期目標吧。
● 新品牌的發售日？
● 設計款式？購買者？
● 販賣通路？
藏崎帆布
妳先冷靜下來，再來訂這些目標。
發售日要訂在哪時候？
發售日？
這個嘛，我跟店家約好，要在十二月的聖誕檔期把貨交出去⋯

設計款式？
設計款式？
購買者？
設計要帥氣，要適合幹練女性，同時還要能宣傳藏崎帆布的功能性。
所以比起顧客年齡層較高的百貨公司，
購買者？
販售通路？
果然還是要得到高端雜誌介紹，讓讀者感興趣，才會特地跑去專賣店購買。
然後口耳相傳，品牌價值也水漲船高，最後變成下訂後要等上一個月的搶手貨…
就連等待也會是種樂趣呢！
啊，我好像有些冷靜下來了。
對吧！
而且在擬定具體目標的過程當中，還會很興奮對吧？
接下來只要擬定具體的「執行方案」，並且跟著照做，朝目標前進就行了。
主題
日期
負責人
設計
○月底
美帆
確保金流
□月底
健
確保材料
□月底
關於日期、負責人、具體任務等都要確實設定好，才能夠馬上付諸實踐。
如此一來，大家就能夠明確掌握彼此的行動，對吧？
另外也要時常根據付諸實踐後的結果，對執行方案做些修正。

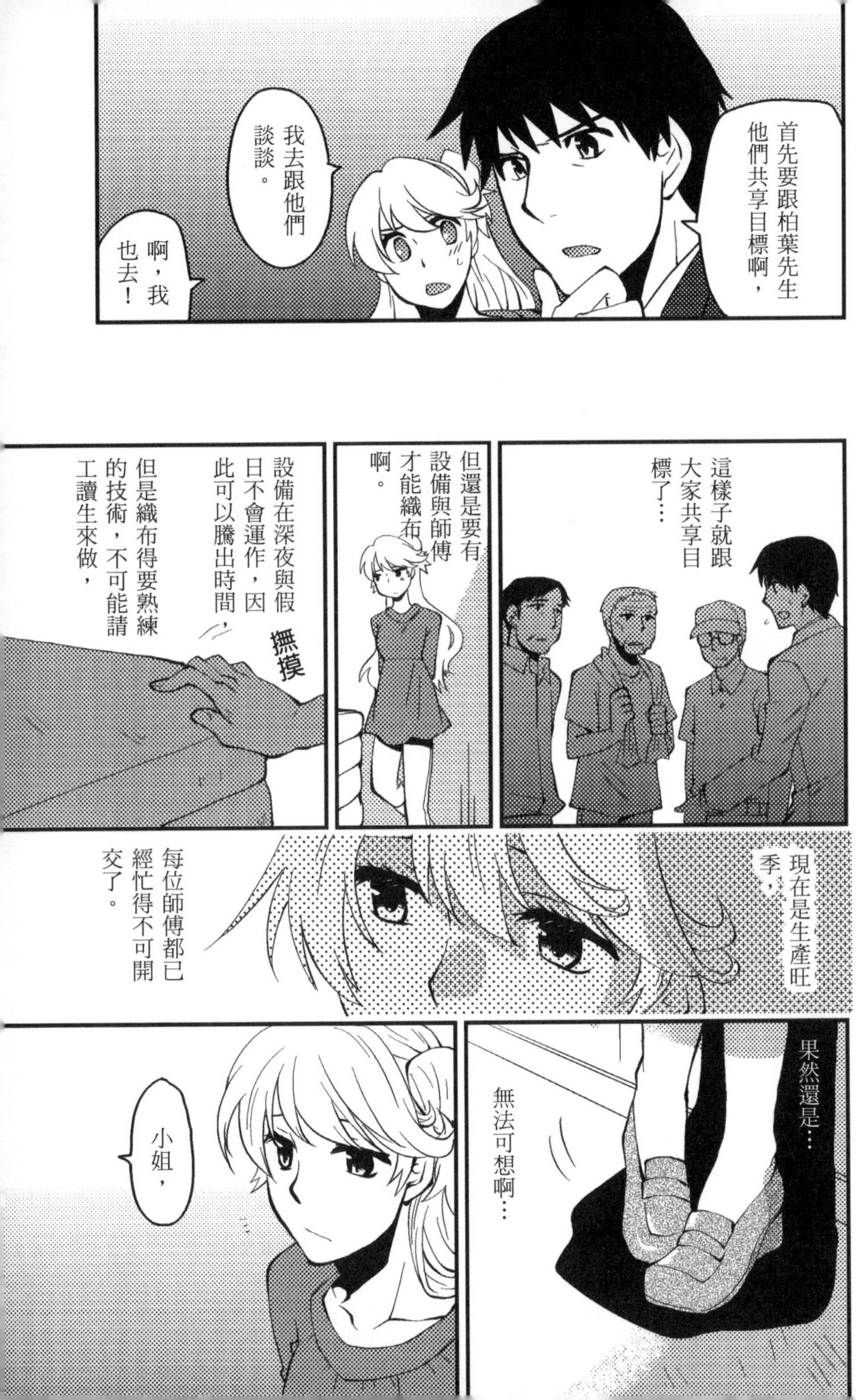

首先要跟柏葉先生他們共享目標啊，
我去跟他們談談。
啊，我也去！
這樣子就跟大家共享目標了⋯
但還是要有設備與師傅才能織布啊。
設備在深夜與假日不會運作，因此可以騰出時間，
撫摸
但是織布得要熟練的技術，不可能請工讀生來做，
現在是生產旺季，
每位師傅都已經忙得不可開交了。
果然還是⋯
無法可想啊⋯
小姐，

阿健先生都告訴我們了，
他說以後凡事都會大家一起商量，共同推動新事業。
柏葉先生…
所以我們會用假日時間來織不夠的帆布，
雖然也不知道來不來得及。
謝謝你們，但這樣你們假日就無法休息了啊…
假日？
先別管假日，我們的興趣就是織布啊。
會想要在假日織自己喜歡的布，
材料費就用我們織好的布來抵吧！
小姐，拜託妳啦！
大家…
我好開心…
但是…

大家也都有家人，
應該也會想要陪自己的孫子或是小孩啊，
就像你們以前陪我玩那樣…
啊
岡田
對啊！還有這招可用！
就是這麼回事！
拜託你們了！
岡田先生！
求之不得呢。
退休後整天都沒事幹…
對吧？
對啊！
為了小姐妳啊，我們重出江湖又有什麼呢？
重出幾次江湖都沒問題啊！
謝謝你們…

那就從星期天開始工作吧，
今天不醉不歸！
好！
好～～！
小姐，話說回來，
我認識不少婆婆媽媽，或是年輕女孩，都說想要試試看織布。
是哦？
我想說辦些教育訓練來教她們，搞不好可以變成後備戰力呢。
我很贊成這種做法！
你們可以幫忙嗎？
當然囉！
酣睡～

老公，真是太好了！
小姐看起來好開心。
酣睡
是啊，
這是我最後一次幫公司，
整個人充滿能量呢！
如此這般，
帆布的問題是解決了，
事務所
但設計師該怎麼辦啊？
要不要試著把問題整理出來？
列出還缺哪些東西。
不用列吧？就設計師啊？
是嗎？
妳不是有想出包包的設計款式了嗎？
腦袋裡是有大致方向沒錯啦！

但還是要交由設計師來設計吧？
不用是設計師，應該還有其他人能把妳的想法設計出來吧？
有些人並非設計師，但是也對時尚相當了解，
不是設計師的人啊…
啊，對了！
撲
平板借我一下！
!
就是她了。
上次在跟同學腦力激盪時，有提到她！
HardPank
中山 Blog
簡介

既然都要做出市場區隔了，還不如請她來幫忙，比起專業設計師操刀更有話題呢！
對吧！
我去一趟東京。
東京
Tokyo
嗯，摸起來很舒服！
這布料好棒哦！
設計概念也跟我的需求吻合。
這或許會是一款理想的包包呢！
太好了，很高興妳喜歡…

但我是素人耶，
這種攸關公司命運的包包交給我負責好嗎？
當然！比起專家設計，我更希望能夠得到實際使用者的想法！
想法嗎…
這個嘛…
這樣子吧？
啊，沒錯。另外兩側也可以再厚一些。
這樣嗎？
然後這裡再稍微調整一下，就變兩用包了。
太棒了，跟我的想法一樣呢！
這是我理想中的包包唷！
這裡或許可以再做些變化？
很棒耶！
顏色的話…

東京地下
表参道
感覺可以做出很棒的包包！
接下來就是銷售策略了。
難得設計圖都畫好了…
到了！
拿給她看…
米雷
山岸
妳只有五分鐘。
是要談廣告合作？
不是，我們資金不夠…
請看看這個…
等等！

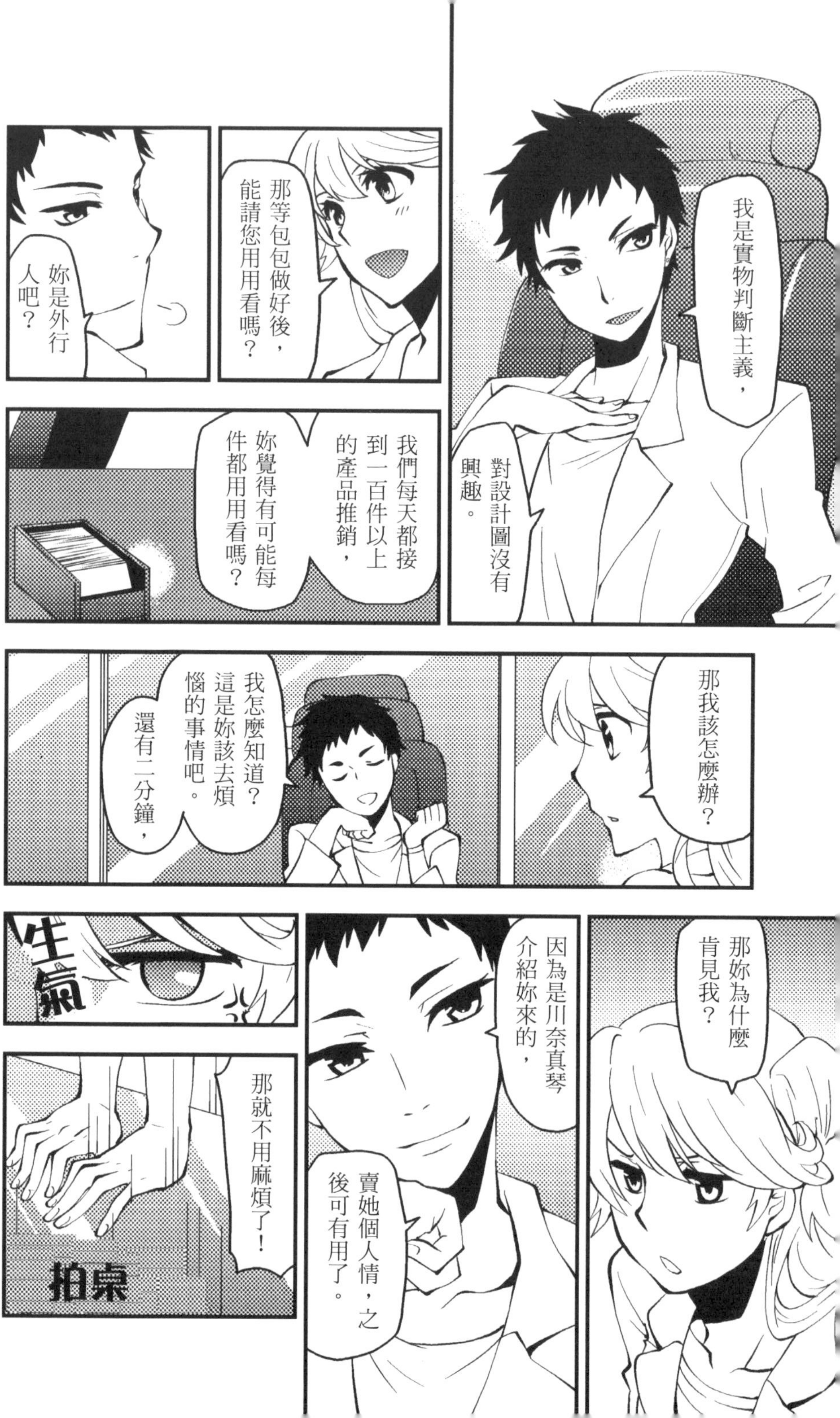
我是實物判斷主義，
對設計圖沒有興趣。
那等包包做好後，能請您用用看嗎？
妳是外行人吧？
我們每天都接到一百件以上的產品推銷，
妳覺得有可能每件都用用看嗎？
那我該怎麼辦？
我怎麼知道？這是妳該去煩惱的事情吧。
還有二分鐘，
那妳為什麼肯見我？
因為是川奈真琴介紹妳來的，
賣她個人情，之後可有用了。
生氣
那就不用麻煩了！
拍桌

啊哈哈！那麼容易就生氣，是沒辦法在商場生存的唷！
時間到了，
再見啦，從童話國度來的大小姐。
不爽～～～
可惡！
怒
氣
可惡！
可～惡！
走著瞧！
衝
天
不覺得她很過分嗎！
我理智斷線好幾次耶！
真像那女人的作風…
捶桌子

那妳要放棄請APHROTITI幫忙介紹囉？
才怪哩！
不管用什麼手段，我一定要讓她刊登在雜誌上！
而且還要讓她跪在地上求我讓她介紹這款包包！
氣勢
有什麼好笑的！
生氣
拍謝拍謝！
但妳要怎麼做呢？
米雷很難纏的。
我有一個線索，
那就是她是實際使用主義者，
所以我要讓她不得不用我們的包包。
具體做法呢？

我還沒有想那麼深入，
但是沒有解決不了的問題。
美帆，妳變堅強了呢。
多虧妳教會我方法啊。
咦？今天氣氛這麼好？
颯爽
啊，健大人好帥啊！
今天幹嘛穿那麼體面？
我開發了幼兒玩具系列，
所以要去做推銷。

什麼時候做的啊？
這代表不只是妳變堅強了啊。
擺滿
就是這些一。
哇！
好可愛！
原圖是小愛畫的，
她可是位小設計師呢！
害羞
所以小愛就麻煩妳們照顧了。
小愛，妳也可以幫忙看家嗎？
嗯！

那我出門囉！
關門
我哥完全恢復成企業戰士了。
開心嗎？
嗯，但是有點靠不住的哥哥也很棒。
我也覺得。
各位好！
啊，中海小姐，
樣品做好囉。
真的？
對啊，在這呢。
終於做好了！
這就是我的包包！
抱緊

解說 No. 4

擬定執行方案吧

從假設邁向可執行的解決對策

擬定好解決對策的假設之後，接下來就來思考當問題解決時，能夠幫助實現哪些事情？世界又將發生哪些變化？這就是所謂的「**願景**」。

這個嘛，我希望能夠打造在日本幹練女性圈子內無人不知、無人不曉的品牌。接下來還希望進一步拓展到上海、新加坡等亞洲地區，讓當地的幹練女性也愛不釋手。這會讓藏崎變得更具全球知名度。

美帆，沒想到妳的夢想如此遠大……

抱歉我插個話，**以數字來說**，需要多少營業額呢？

啊……我還沒想到這方面耶。

給個大概的數字就好了，譬如到底是賣一百個，賺到一百萬營業額的測試性事業；還是賣一萬個，打造營業額上億的事業；又或是賣一百萬個，建立營業額達百億的巨大事業。**當目標水平不同，不僅是願景，連該做的事情都會截然不同**。所以首先要設定大概的數字。

這的確很重要。百萬規模的測試性事業，以及數億規模的長期事業，兩者所需的人才、預算可說是天差地遠。所以事先設定事業規模很重要。

▼描繪未來願景

擬定好解決對策的假設之後，就要再去思考，**自己要透過解決對策達成怎樣的目標，也就是「願景」**。

請各位試著想想，透過解決問題，相關人員會因此獲得怎樣的幸

福，而自己與公司又會獲得哪些成長。

在描繪願景時，可以盡可能地大膽，即便稍顯荒誕無稽也無妨。切記不要被當下狀態所限制。

在思考具體而實際的解決對策時，也要一併考量解決對策所能實現的願景。之後再去檢討，目前所擬定的解決對策是否真的能幫助實現所設定的願景。

美帆所設定的目標不單是提高藏崎帆布的營業額，同時也希望帶給使用自家包包的幹練女性幸福，並讓藏崎的名聲傳遍亞洲，進而帶動地方發展。**正因為她的願景如此遠大，所以具備帶動旁人一起努力的力量**。

而重新描繪願景，並想像在解決問題之後，能夠讓哪些人獲得幸福，就可以讓解決對策變得更加完善。

同時，願景也不能夠流於空泛的夢想，必須轉化為具體數

然後口耳相傳，品牌價值也
水漲船高，最後變成下訂後要等上一個月的搶手貨…
就連等待也會是種樂趣呢！

字。數字不須過於精確，只要先提出粗略的數字即可。亦即俗稱的「打如意算盤」。

以下是販售包包的數字化願景，目標客群是幹練女性。

販售數量＝作為顧客的幹練女性數量x顧客每年購買包包的數量x目標市占率

雖然我們找不到幹練女性的精確統計人數，但是在企業統計等開放資料中，鉅細靡遺地列出該地區

▼數字化讓願景變得更具體

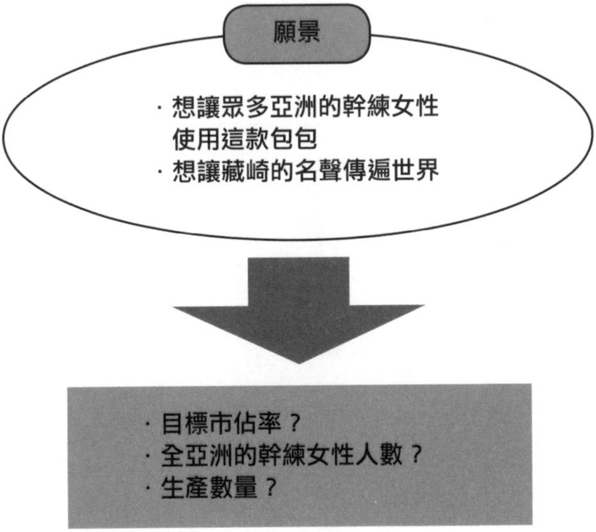
願景
· 想讓眾多亞洲的幹練女性
使用這款包包
· 想讓藏崎的名聲傳遍世界
· 目標市佔率？
· 全亞洲的幹練女性人數？
· 生產數量？

的業別與規模等資料。只要掌握行業別、規模別的公司數量，就能夠從中推測出所需的顧客人數。譬如「某家公司在廣告業界的規模是這樣，因此公司裡面應該會有X位的幹練女性」（順帶一提，這種方式稱作**費米推論**）。

除此之外，可以參考的資訊還包括：其他品牌的類似包款賣出多少個，以及以幹練女性為取向的雜誌發行有多少本等。

而當各位透過不同的方法計算出推測數字時，有很高的機率會有所出入。但是各位也不用太在意，**畢竟在這個階段，只要給出一個大概數字就行了**。

工作不可能靠一個人完成。我們需要得到工匠、設計師、通路等各方人馬的合作，才能夠成功推出新的包包品牌。

是啊，我對這件事有切身體會。

這一次之所以大家肯幫妳，是因為妳訂下了確切的願景，而且大家也對這個願景有共鳴。**只要擬定確切的目標，大家也比較能同心協力朝**

向目標邁進。

而且訂下目標之後，也會讓大家變得比較興奮。在發售日期確定下來之後，大家就會充滿幹勁的決定要拚上一場。

我也有這種感覺！

如果大家的目標大抵一致，接下來就透過「路徑圖」來指出具體方向吧！

▼繪製路徑圖，指出通往未來願景的道路

在確定目標之後，就要擬定執行方案予以達成。此時的重點在於要分別擬定中期執行方案，與短期行動方案。

「路徑圖」是中期執行方案。

而路徑圖的終點則是方才訂下的願景，內容是定在三個月後、半年後、一年後，我們還距離終點多遠。

隨著問題不同，路徑圖的紀載內容也會有所差異。當問題攸關全公司時，路徑圖內容大抵如下：

①財務相關：營業額、利潤等目標。

②顧客關係：新規顧客數、既有顧客數、顧客關係經營等。

③業務相關：提供商品、技術開發、通路等。

④人才與組織：員工技能、公司風氣等。

▼用路徑圖標示現在位置

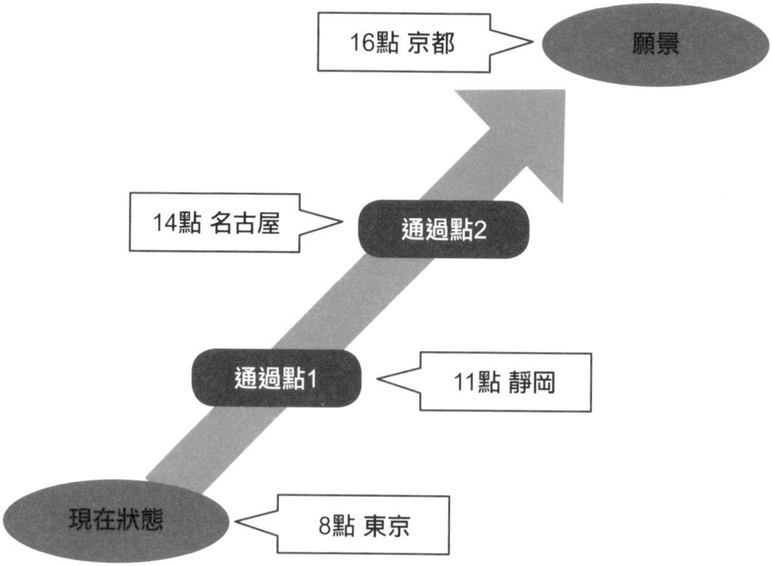

相信在實際繪製路徑圖之後，各位也會發現，必須得到許多部門、人員的協助，並完成許多事項、培養各類人才之後，才能夠實現願景。

▼藏崎帆布的願景圖

主題	OO 年 12 月	□□年 6 月	□□年 12 月
財務相關	月營收 10 萬日圓	月營收 100 萬日圓	月營收 200 萬日圓
顧客關係	拓展通路中	已拓展通路，開始進行正式行銷	奠定品牌基礎，開始於香港拓展市場
業務相關	生產樣品	產線有 10 台機器	產線有 20 台機器
人才與組織	美帆孤軍奮戰	有 1 位行銷專員	聘用 1 位亞洲區負責人

▼透過「行動方案」決定應展開的行動

路徑圖是中期計畫，相較之下，**「行動方案」**則是近期計畫。路徑圖當中會設定最初的目標，而行動方案則會詳細設定人員的具體任務。

也就是說，行動方案具有「備忘錄」的作用，**詳細紀載有具體工作內容、負責人員、截止日期等資訊**。

若是欠缺任何一項資訊，都會導致目標難以付諸實踐。人會

▼以行動方案決定具體行動

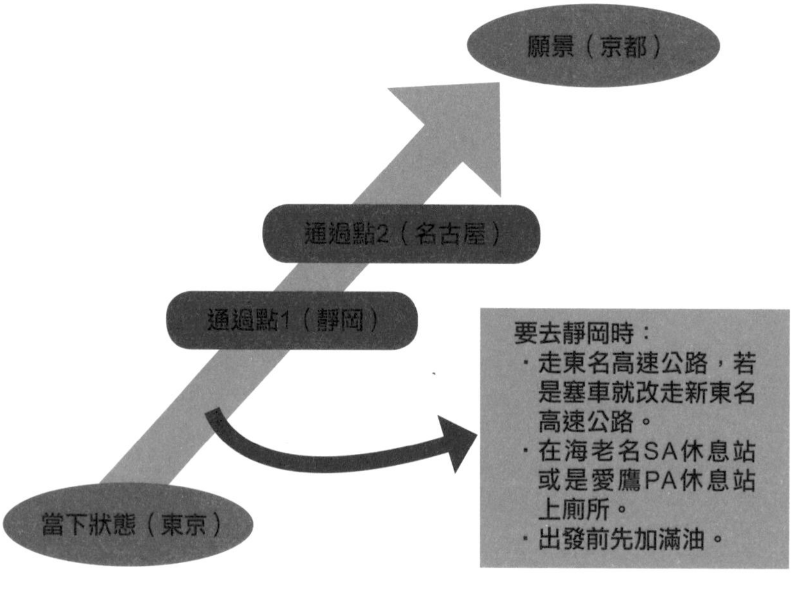

願景（京都）
通過點2（名古屋）
通過點1（靜岡）
當下狀態（東京）
要去靜岡時：
・走東名高速公路，若是塞車就改走新東名高速公路。
・在海老名SA休息站或是愛鷹PA休息站上廁所。
・出發前先加滿油。

互相推卸責任，或是疏於確認時間，以致開天窗。

而在完成行動任務之後，也要確認「第一線人員是否真的能照做」。

為了讓忙碌的第一線人員能夠完成自己的任務，有時候也必須就手邊任務做些分配，或是增加人手等。

雖然工作有時候還是得蠻幹，但是在進行任務分配時，各位還是得確實確認，是否強迫他人接下不可能的任務。

▼藏崎帆布至包包發售為止的行動方案

主題	日期	負責人	詳細內容
設計	O 月底	美帆	約到中山小姐
確保資金	□月底	健	與 OO 公司交涉
確保材料	□月底	岡田	於假日使用機械
確定銷售通路	△月底	美帆	去東京跑業務
於網路上宣傳	◇月底	真琴	利用拍賣網站

擬定路徑圖與行動方案時的重點在於，**路徑圖是用來決定具體目標，行動方案則是用來決定具體行動**。

路徑圖標記有路線，而行動方案則是份備忘錄，能夠具體指示該如何駕駛。兩者都相當重要，不能等閒視之。

希望各位都可以實際繪製路徑圖與行動方案，藉此確認所擬定的假設是否可以付諸實踐。如果發現其中含有再怎麼努力都難以達成的部分時，就要重新修正假設了。

Problem Solving

第4章

執行與驗證

擬定解決對策之後，如果不「執行」並「驗證」其效果，就沒有意義了。重複失敗與改善的循環，才能夠打造最佳的解決對策。

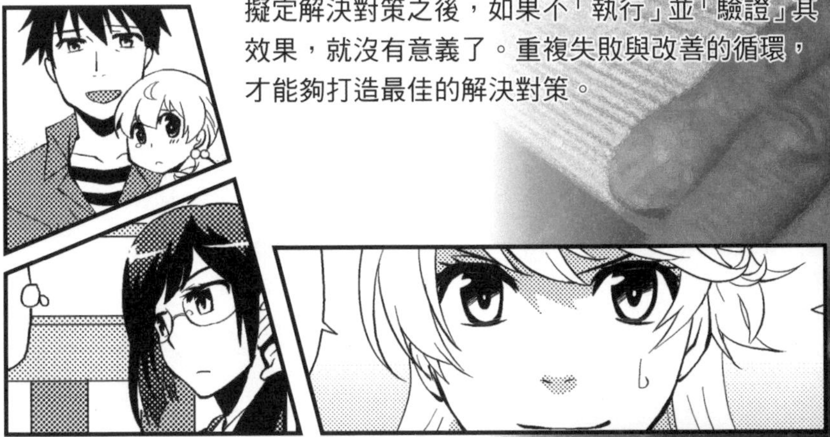

Ku Ra Za
蔵 崎
小姐！
萬歲！萬歲！
別這樣啦！
太誇張了，我只是要去東京跑業務啊。
也難怪啦，美帆妳這次出差很重要啊！
來，這份清單裡面都是我認識的朋友，應該都願意回答妳一些問題。
謝謝。
接下來就以週租公寓為據點，建立自己的銷售通路吧！
嗯！
這是跑業務的清單。

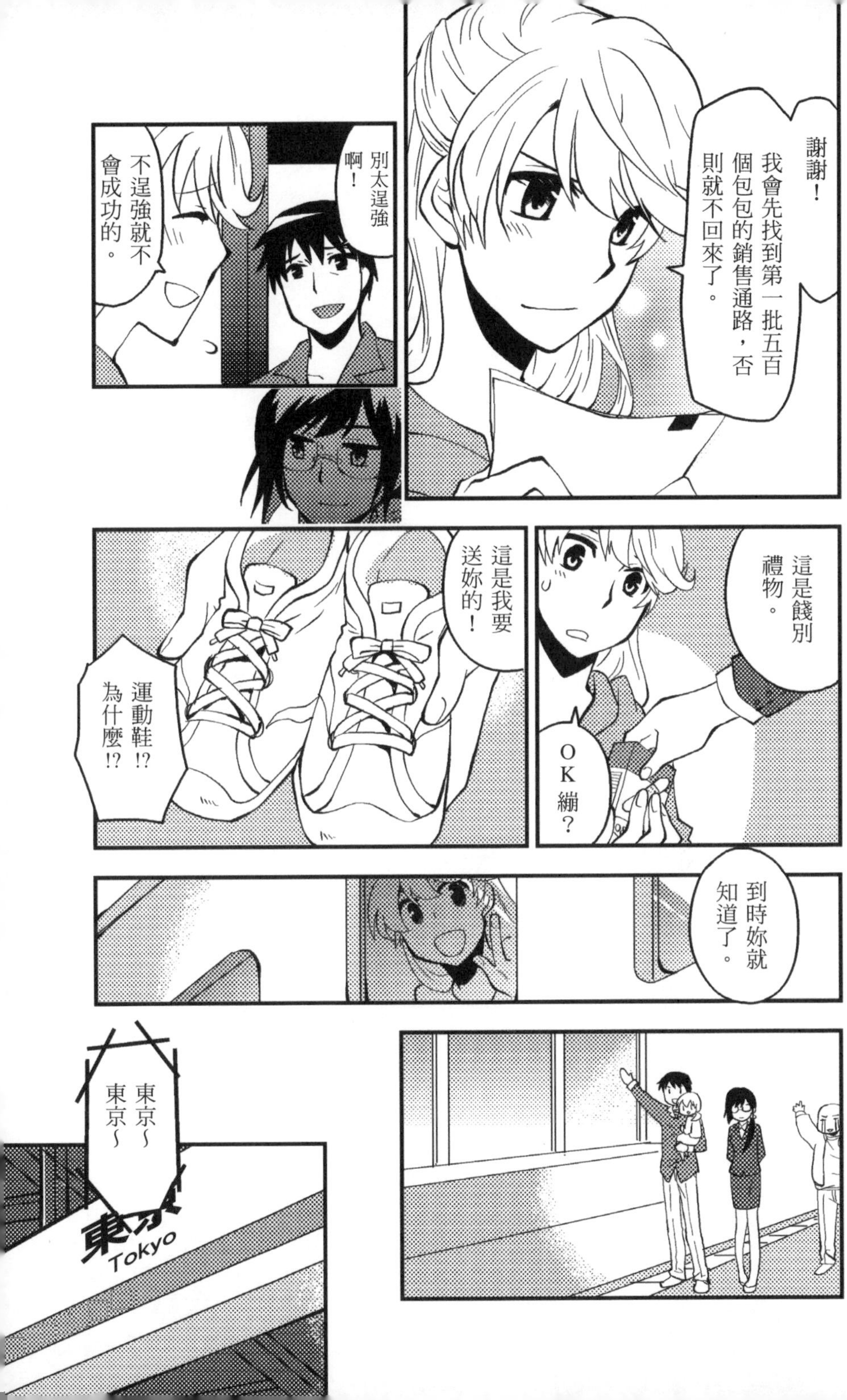
謝謝！我會先找到第一批五百個包包的銷售通路，否則就不回來了。
別太逞強啊！
不逞強就不會成功的。
這是餞別禮物。
OK繃？
這是我要送妳的！
運動鞋!?為什麼!?
到時妳就知道了。
東京～東京～
東京
Tokyo

京横線
lao
palece
開門
哦！
哇！
裡面有廚房跟家電用品，
而且價錢還比飯店便宜，感覺很適合放鬆呢。
貼上
嘿
11 12 13
首先…
得帶個禮物給他們…
對吧！
哇！謝謝妳！

這很棒耶！
謝謝妳，我就收下了。使用感想會寫簡訊跟妳說！
接下來是…
社長室
社長，有您的客人。
這感覺很耐用呢，
縫製也很精密！應該可以用很久，謝謝妳啦！
哇！
裡面可以放很多東西呢！
做工厚實，但是揹起來很輕！
我很喜歡，真的可以免費送我嗎？很不好意思耶！
別客氣！
至少這頓飯讓我請吧！老闆！
咦？我喝不了太多酒啊！
但是大家都很開心！
好，明天也繼續努力！

說是這麼說啦…
腳步虛浮
第十六家店…
好累啊…
一屁股坐下
這家也不行。
劃掉
很不好做呢…
好痛！
刺痛
不愧是真琴…
OK繃

好，OK！
開
門
!!
繼續戰鬥囉！
是怎樣
便祕吧？
走路
走路
謝謝啦！
老哥！
走路
可惡……
SUN MON TUE WED THU FRI SAT
跑一整個禮拜還是沒有成果。
吸麵～
事到如今哪還管什麼穿搭啊！
丟一旁
只能把東京的選品店都跑遍了！
打字

B.j.Polas
LAMDCOA
Tale
不會吧？慘敗…
營業不振
咦，那也是選品店嗎？
雖然已經累得半死了…
還是姑且一試吧！
捏
是可以讓妳寄賣啦！
真的嗎!?
是啊…
但是要抽成哦。

謝謝您！
鞠躬
要忍耐，要忍耐，不先寄售的話，就連賣都賣不出去了！
設計感不錯呢，
我可以讓妳托售哦！
謝謝您！
嗯，藏崎帆布啊……
觸摸
但是我們家的客戶群年齡偏高啊。
如果可以退貨，那我就幫忙賣囉！
當然可以，謝謝您！
嗯！
開始做出些成果了。

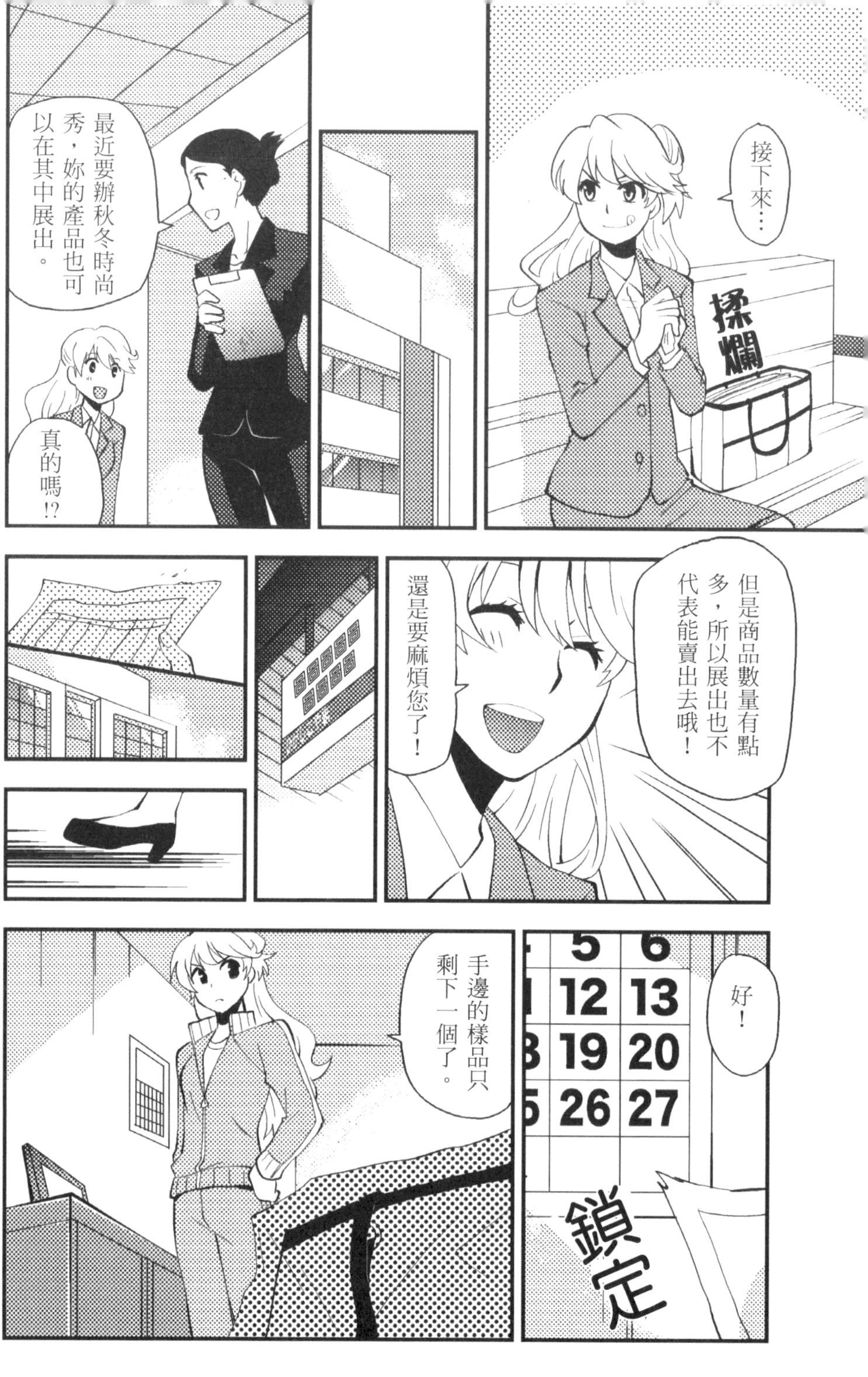
接下來…
揉爛
最近要辦秋冬時尚秀，妳的產品也可以在其中展出。
真的嗎!?
但是商品數量有點多，所以展出也不代表能賣出去哦！
還是要麻煩您了！
好！
5 6
12 13
19 20
26 27
鎖定
手邊的樣品只剩下一個了。

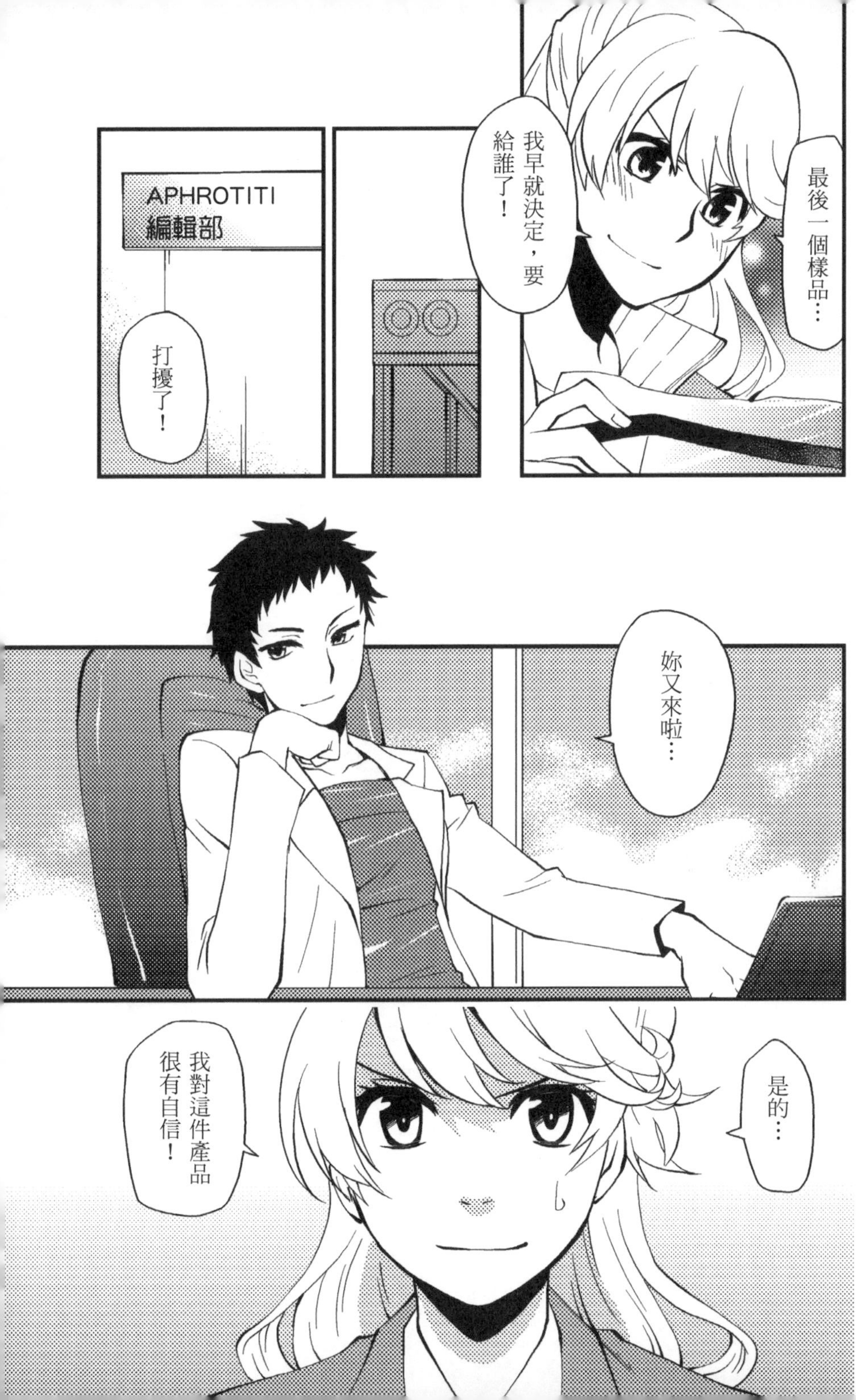
最後一個樣品…
我早就決定，要給誰了！
APHROTITI
編輯部
打擾了！
妳又來啦…
是的…
我對這件產品很有自信！

就是上次提到過的…
拿出
包包！
我知道了。
我會試用看看，好用的話就寫在APHROTITI上，
咦？
難用的話就寄還給妳囉！

包包就幫我放在那裡吧。
如果沒有其他事情，就回家吧，
我有點忙。
那個…
我可以問個問題嗎？
長話短說。
妳為什麼肯用我們的包包？
因為這個。
借我看一下。
From akiguchi
Sub. 品質很棒耶！
我發現了一個品質不錯的包包，用起來很讚！
From 惠梨香
Sub. 很棒吧！
輕巧又耐用，粗手粗腳也不會變形的設計很棒！
啊…
From 澤西
Sub. 可愛吧？
容量超大！是我最近最喜歡的包包。

因為那三個人都讚不絕口，所以我也想試用看看。
我似乎中了真琴的圈套了，
但是我的審查很嚴格哦！
聽懂的話就快回去吧！
妳似乎也踏進來了呢，
這可是個有點辛苦的世界啊。
下降
米雷小姐搞不好是個溫柔的人呢…
商場雖然嚴苛，但是能加入其中真是太好了…
我得到了從沒體驗過的達成感。
Ku Ra Za 蔵崎
蔵崎帆

嘿，如何啊？很久沒在老家泡澡了吧？
能把腳伸直真是太幸福啦！
美帆，辛苦妳啦！
快吃吧，這三個月妳應該都亂吃吧？
哦哦…
我開動了！
狼吞虎嚥
美帆，別吃太快，
小心噎到啊！
健大人也來一杯吧！
咦？
覺得不會生氣了，是因為見識到真琴所在的世界有多麼嚴峻嗎？
嗯
美帆也來喝吧？

啊哈哈！
哇
真好喝！
營收表
瞄
……

唉，虧我還多設了好幾隻電話，想說會有很多訂單的。
我們來驗證為什麼包包賣不出去吧！
驗證出原因之後，只要加以改善就行了。
就用PDCA循環增加營收吧！
PDCA？
Plan（計畫）
Do（執行）
Check（驗證）
Action（行動）
就是擬定計畫，並加以執行，
再透過驗證改善其中不完善的部分，
持續推動PDCA循環，就可以改善所有問題。
來做吧！
拍桌起身
嗯，美帆家包包的賣點不就是輕巧耐用嗎？
酒屋
可是照片沒有把這些賣點拍出來啊！
光看照片是看不出包包耐不耐用的，
顧客看不出這難得的差異，可就沒有意義了。

譬如這是我的包包，
是中國貨，妳可以比較看看。
歪七扭八
平整乾淨
哦！差別一目了然呢！
而且美帆，妳的包包裡面不是有很多設計嗎？
可是照片也看不出來，
其實可以試著放一些實物在裡面啊，
畢竟也有保護平板與筆電用的緩衝材了，
就實際做掉落測試吧！
然後還可以拍成影片，
模特兒也要穿套裝，顧客才知道這款包包很適合搭套裝。
也可以拍模特兒俐落地從包包掏出錢包、手機等物品的橋段。
原、原來如此！
妳啊，今天也大失血耶！

高
秋冬展售
原來如此，對這類客群來說，的確比較不好賣呢。
堆滿
所以貨被擺在角落也是無可奈何的事情。
只能強行闖關了…
偷偷的
小姐，您在做什麼？
啊！
妳看！隔板好像快倒了！
咦？
哪裡!? 哪裡的隔板!?
衝刺
原來如此

帆布包兼顧輕巧與耐用，
但是要實際提看看才會知道。
不好意思，請問可以把這個牌子放在包包上嗎？
手工製作!? 手好巧!!
搖晃
搖晃
請試提，親自確認帆布包的堅固吧！！
哦！有人注意到了。
小姐，您在找包包嗎？
哇，嚇我一跳！原來這裡有女店員啊。
有看到什麼喜歡的嗎？
這個嘛，我有點喜歡這個包包…
設計挺好看的，但是有點貴呢，
還是買另一個吧！
小姐，請看這邊，
便宜貨很快就會壞了…

說的也是，還是買這個吧。
放回去
謝謝惠顧。
啊，又有客人了！
謝謝惠顧。
結帳
結帳
謝謝光臨。
這樣就行了！
SOLD OUT
妳在幹嘛？
沒事啊。
嚇
跳
拜託了，來我們店上班吧！
咦咦!?

解說 No. 5

執行解決對策，並做PDCA幫助發現更好的解決對策

擬定執行方案之後，就立即執行吧！

當然囉，都擬定執行方案了，怎麼可能會放著不管！

說是這麼說，但像我之前待過大公司，也很常遇到擬定好解決對策與戰略之後，卻沒人照做的情形。

健大人現在已經是社長了，因此得負責領導PDCA運作囉！

什麼是PDCA？

指的是計畫（PLAN）、執行（DO）、驗證（CHECK）、行動（ACTION）囉。

真不愧是健大人！我們要把假設的解決對策，轉化為真正的解決方案！

▼擬定計畫後，立即執行，藉此進入PDCA循環

難得擬定好計畫，當然要付諸實踐。

乍看之下，這道理天經地義，但是卻有不少公司熱切地擬定好計畫之後，卻疏於實踐。

這類公司大多都相信「計畫越縝密越好」，因此傾注心力在擬定計畫上，最後計畫擬定好了，卻已經無力實踐。這可說是本末倒置，在

根本想法上就已經出錯。

這類計畫即便再縝密，最後還是沒有用處。

因為周遭狀況時刻在變化，例如別家廠商可能會推出與自家競爭的新款包包，或是有時候市面上推出的新尺寸平板大受歡迎時，我方也需要配合該款平板的尺寸，對包包的口袋做修改。

更何況在缺乏實踐的情況下，我們根本不知道新的解決對策是否有用。即便調查得再周密，也不確定顧客是否中意新款包包的設計。

譬如在漫畫中，女主角親自跑去所期待的店家進行推銷，但是也不確定店家是否肯幫忙銷售，也不確定後續店家是否賞光。

因此當計畫研擬到某種程度後，**就先別追求提升縝密度了，而是要付諸實踐，直接確認效果。**

當然在商言商，可不能說什麼「計畫失敗了，對不起」，就把責任推得一乾二淨。

因此越早確認計畫是否順利進行越好，若是發現進行得不順利，就要盡快提出其他方法（其他假設），並在重新檢視執行方案之後，再次付諸實踐。

有時候不只是要改變假設，或許還得重新檢視所整理出的論點呢。

在決定做某些事情之後，態度可不能漫不經心，更不能說：「我不知道這件事情，所以我不幹」。

在實際執行的過程當中發現

▼ PDCA 循環。確實執行計畫與否，後續成果也將大幅改變

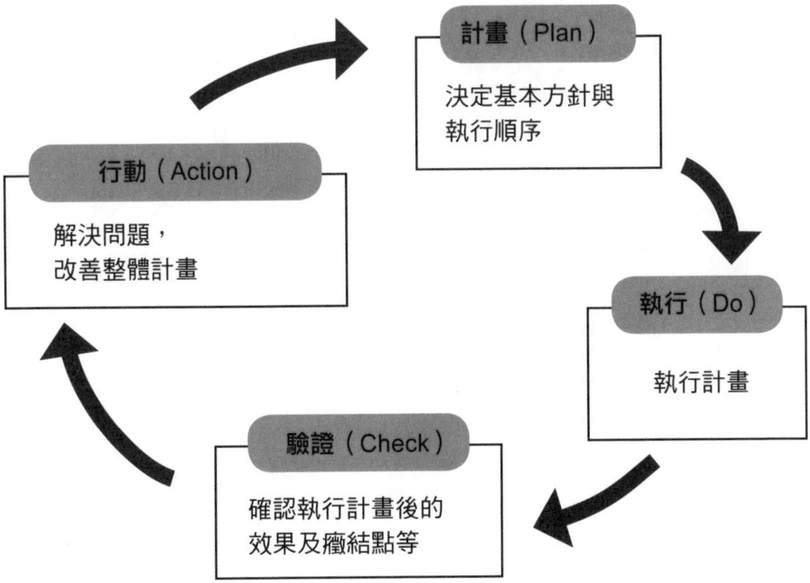
計畫（Plan）
決定基本方針與執行順序
執行（Do）
執行計畫
驗證（Check）
確認執行計畫後的效果及癥結點等
行動（Action）
解決問題，改善整體計畫

任何改善點，都要直接回饋在執行面上，這才是推動PDCA循環來驗證假設的方法。

各位可以將做生意想成是足球、棒球等運動。球隊一開始都要先擬定戰略，但即便戰略再怎麼縝密，教戰守則再怎麼精密，若是因此搞得球隊疲憊不堪，可就賠了夫人又折兵了。正確的做法是擬定基本方針，但是後續還是要根據球的位置、敵隊動作等，及時改變戰略與行動。如此一來才能夠正確地解決問題。

假設出錯在所難免，有時候滿懷自信推出的商品，卻可能被顧客批得一文不值。不如說，很少商品會一推出就大受好評。所以各位無須害怕，只要多加修正出錯的假設就行了。許多熱門商品也都經歷過這些過程。

而且若是在假設出錯時，還一頭熱地照做，反而更加可怕。有數之不盡的公司盡信市場數據，疏於向顧客確認商品的適切性，最後投入數億資金卻只得到一場空。

所以還是多利用PDCA循環驗證假設，藉此解決自己的問題，並實現願景吧。

但是我們要怎麼驗證假設呢？

妳在說什麼！妳之前在做的事情就是驗證假設囉！包括實際接觸顧客與通路、訪談、直接確認假設等。

沒錯，美帆妳不是有問過同學們，怎樣的包包比較好嗎？

是啊，美帆算是親力親為的在驗證假設呢。

▼驗證假設的方式

1 訪談

關於驗證假設的步驟，大致上就是實際將假設運用在顧客、有關人員身上，並詢問結果。

而在訪談的過程當中，**訪談的技巧，以及訪談的對象都相當重要**。

面對顧客時，應該勇於詢問對方想法，不要畏首畏尾。譬如美帆準備推出以幹練女性為目標的包款時，也是以自己周遭符合「能幹女性」定義的朋友作為詢問對象。但是在她的同學當中，卻也有不少人是專職家庭主婦，或是在住家附近打工，這類人對包包的需求就會與前者截然不同了。除此之外，真琴雖然也屬於「能幹女性」範

也可以拍模特兒俐落地從包包掏出錢包、手機等物品的橋段。
原、
原來如此！
妳啊，今天也大失血耶！

疇，但是她的品味跟常人差得過多，因此不太能作為參考。

當訪談對象是公司內部的員工時，就要尋找在該論點的關鍵人物；當訪談對象是合作企業時，則可以請對方窗口協助介紹對該論點較為詳細的人員。而只要符合自己的需求，配偶、女兒、兒子、雙親也都可以成為訪談對象，有時從中可以意外得到新鮮的想法。

訪談重質不重量，即便人數不多，只要問得夠深入就沒問題了（所謂的**「深度訪談」**）。我們需要的是深入地詢問例如：「覺得這個假設哪裡好」、「覺得這個假設還有哪些需要改進的地方」等問題，不只是表面的喜好與否。

只要條件符合，訪談**的對象其實只要有五至七名就足夠了**。而只要有三名詢問對象，大致上就可以抓到方向。三名訪談對象當中只要有兩名贊成，假設成功的機率就很高了。

小姐，您在找包包嗎？
哇，嚇我一跳！原來這裡有女店員啊。

進行深度訪談時，不能單純就所設定的問

題項目進行詢問，而是要在訪談過程當中，改變自己的假設。**因此相較於所訪談的第一個對象，問到第五個人時，內容應該已經出現相當程度的進化。**

●2收集資料的方式●

除了訪談之外，分析所收集到的資料，也有助於驗證假設。

網路是最佳的資料來源。網路上除了有政府機關所發表的統計資料外，也能夠輕易找到歷年新聞、雜誌報導等資料。只要連上書籍網站，多少書目都找得到。

即使某些資料需要付費購買，至少還是能夠免費搜尋到標題。我們甚至可以說，網路上已經沒有找不到的資料了。如果真的在網路上一無所獲，那就可以把某些資料歸類為不存在，免得浪費多餘的力氣與時間。

除此之外，公司內部所保管的資料（顧客清單、營收資料等），也相當容易取得。

所謂兵貴神速，收集資料時的速度也相當重要，第一天開始於網路上搜尋資料，並向相關單位索取資料後，**二至三天的時間就必須取得這些資料**。此時手邊的資料應該會堆積如山，但是各位無須一一詳讀。特別是新聞搜尋結果等資訊，其搜尋範圍較廣，因此只要大致掃過標題，挑出其中似乎派得上用場的部分詳讀即可。

即使在堆積如山的資料當中，實際能派上用場的部分不滿一成，也不構成問題。畢竟網路上所搜尋到的資料不用錢，而買書的花費，相較於公司支付的薪水，相信也不足掛齒。在最一開始的階段，**我們要抱持重量不重質的態度，只要其中有可用的資料，就算幸運了**。

3 以圖表驗證資料

但是單純收集大量資料，並沒有任何意義。我們必須從資料中取得所需的資訊，才能夠加以驗證。**我們可以將資料繪成圖表，幫助判讀資料所代表的意**

義。圖表化之後，原本枯燥乏味的數字即可顯露出許多資訊。而圖表種類大抵分為以下四種，所能得到的資訊也有所不同。

1. 變化圖

主要使用曲線圖。橫軸標示時間，縱軸標示營業額與利潤等數據。這種圖表能夠讀取到以下五種資訊裡的其中幾種，亦即本頁所提到的「**增加**」、「**減少**」、「**沒有變化**」、「**巔峰**」、「**低谷**」。這些資訊能夠用來確認包包販售數量、營收額等數字的變化。

▼變化圖

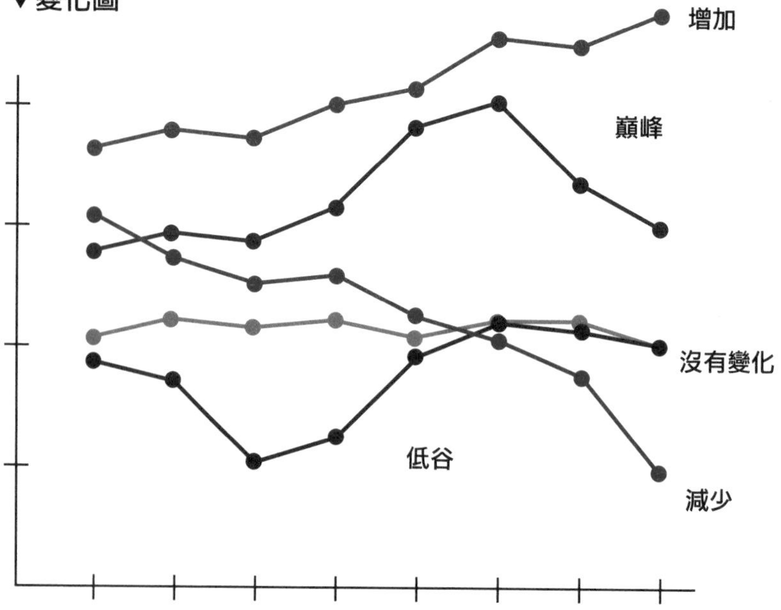

▼比較圖

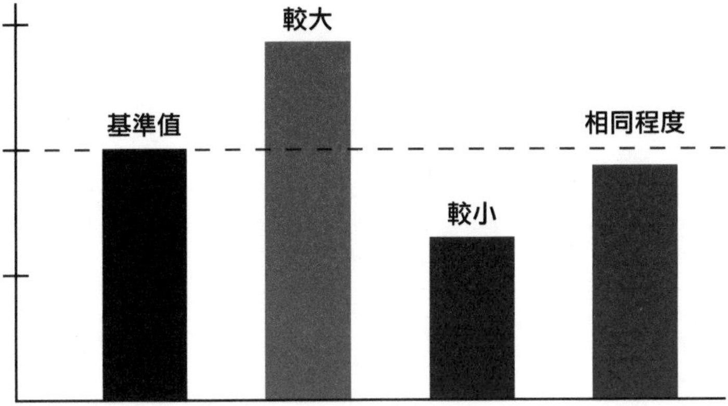

▼用來呈現藏崎帆布的營收、成本、利潤等資訊的「瀑布圖」

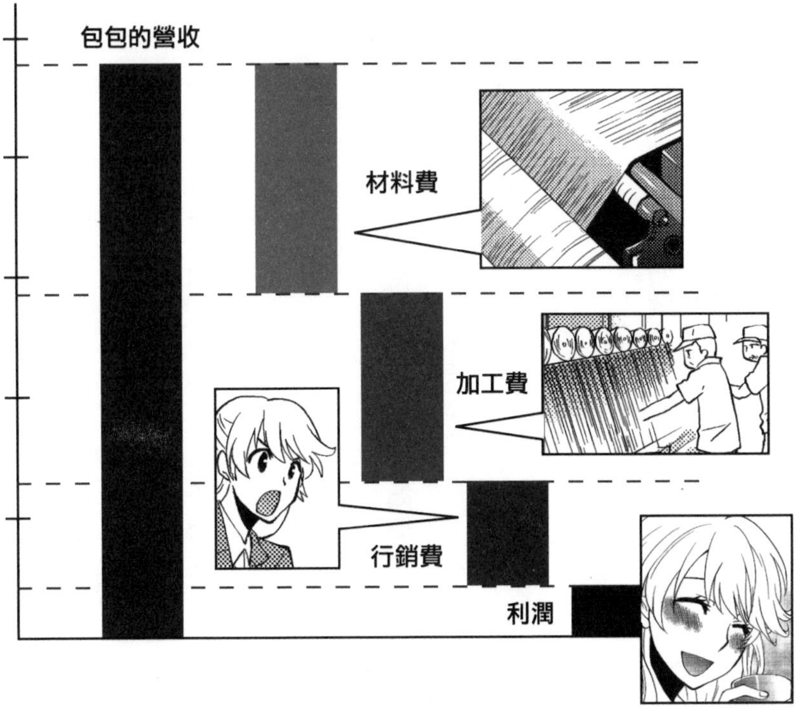

2. 比較圖

以數個柱狀圖並列，比較複數變數。所能讀取的資訊為**「較大」**、**「較小」**、**「相同程度」**等三種。另外也會使用累積圖、瀑布圖等圖表形式。只要逐步累積各品項的營收，並從總營收扣除成本，就可以得出利潤。189頁下方的圖表就是將藏崎帆布的包包營收畫成圖表。

3. 直方圖

放入個別資料的分布狀況。所能得到的資訊為**「集中」**、**「分散」**、**「兩極化」**等三種。以藏崎帆布的情況來說，可以像是191頁左上角的圖表一樣，用來分析顧客的年齡層等方面。

4. 關聯圖（散佈圖）

將個別資料帶入座標而成，能夠明確掌握資料間的關聯性。所能讀取的資訊分為**「有關」**與**「無關」**等兩種。

▼藏崎帆布各年齡層的營收

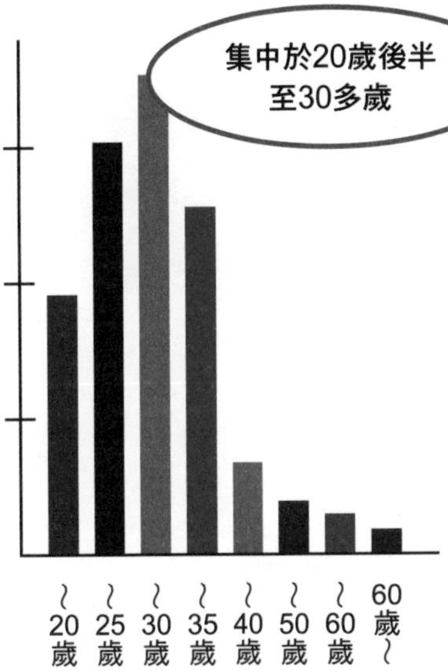
集中於20歲後半
至30多歲
20歲～
25歲～
30歲～
35歲～
40歲～
50歲～
60歲～
60歲～

▼分散型直方圖

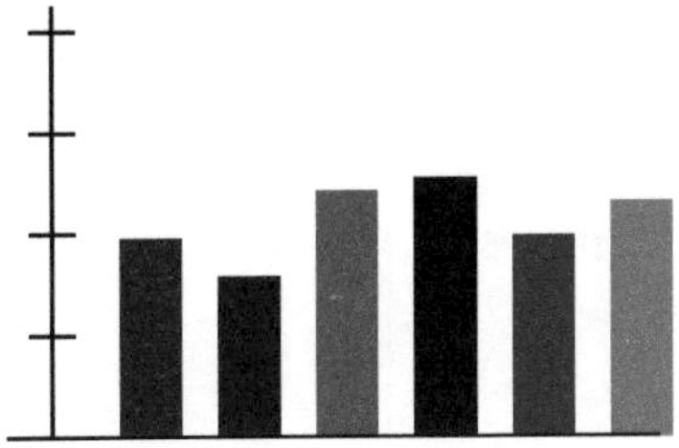

▼兩極化直方圖

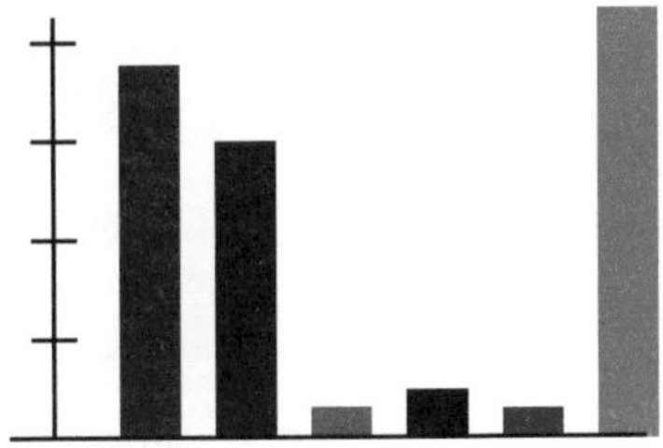

▼有關的散佈圖

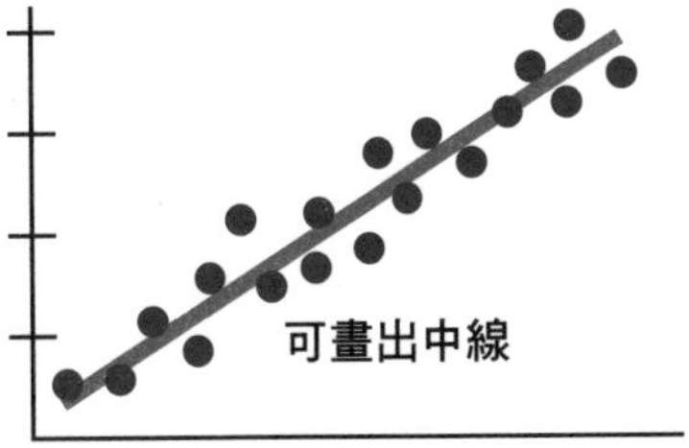
可畫出中線

▼無關的散佈圖

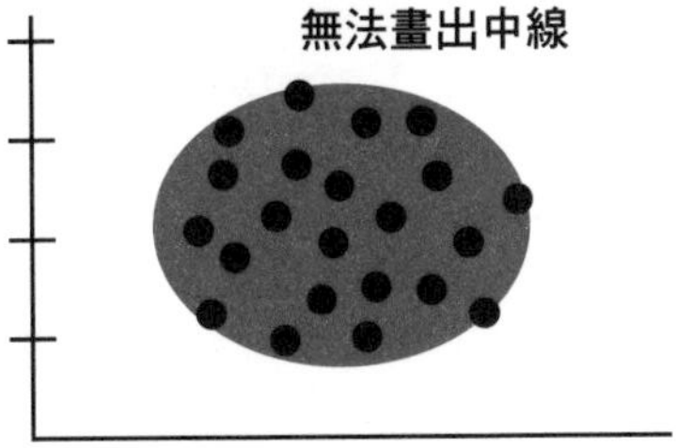
無法畫出中線

▼包包價格與顧客年收散佈圖

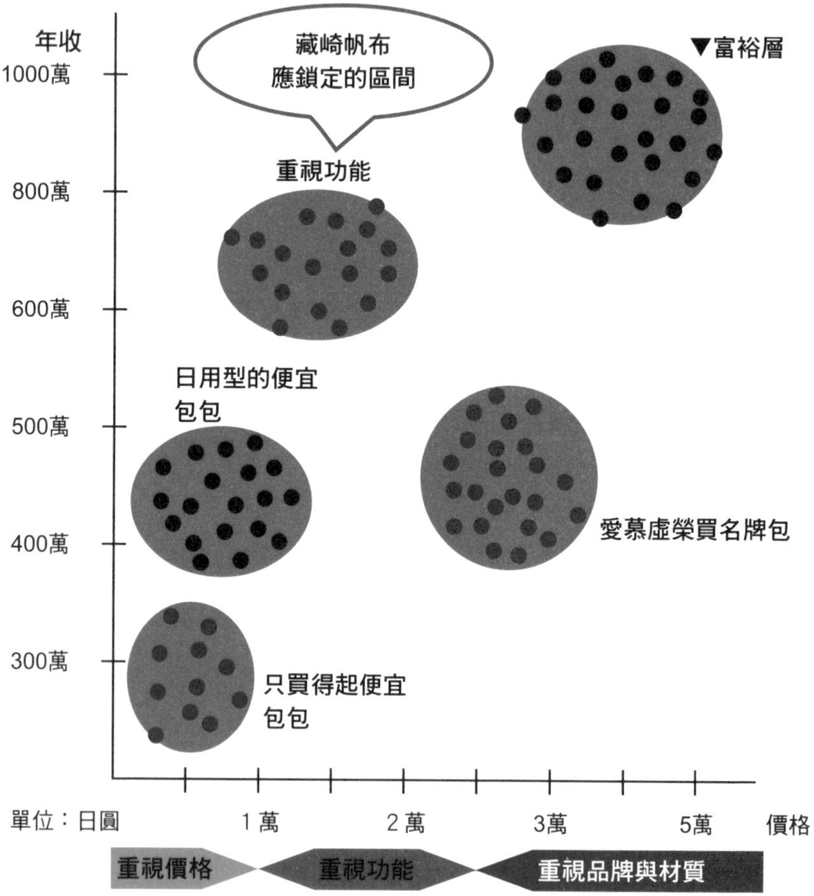
年收
1000萬
800萬
600萬
500萬
400萬
300萬
藏崎帆布
應鎖定的區間
重視功能
▼富裕層
日用型的便宜
包包
愛慕虛榮買名牌包
只買得起便宜
包包
單位：日圓
1 萬
2 萬
3萬
5萬
價格
重視價格
重視功能
重視品牌與材質

而資料聚集而成的部分則稱做**「區間」**。只要找到區間，就可以借此擬定假設。例如在前頁的圖表當中帶入年收與購買包款的價格關係，就可以分出數個顧客區間。而藏崎帆布的主要客群需求應該是「選購包包時以功能為導向」。

美帆，妳還知道自己在進行的PDCA有哪些項目嗎？

PLAN、DO、CHECK、ACTION。就是擬定計畫、付諸行動、驗證假設，讓假設變得更好！

不賴嘛！

每次遇到冷言冷語或是尖酸目光時，我就會不服輸的改變假設，持續挑戰。剛開始我也曾經懷疑，自己明明就很努力了，為什麼都沒人能理解自己呢？但這不過是我一廂情願的想法罷了。**現在我已經切身體會到，如果不設法改變自己的觀點、做法，就無法解決問題。**

我也是。剛開始也很害怕挑戰，所以總是選擇逃避。但是看到美帆這麼努力，才終於了解如果自己不改變，就永遠無法解決問題。

雖然在挑戰的過程當中，新問題還會接踵而至，但是我已經不會害怕了。因為我已經學會如何解決問題了。

美帆、健大人，你們都成長了呢……（淚）。美帆，妳已經可以稱呼我一聲大嫂囉！

誰要啊！

▼來複習解決問題的步驟

在第1章「**整理論點**」當中，我們學到了如何列舉與問題有關的論點，並透過邏輯樹、MECE來整理它們。只要在此集中深入思考，就可以洞悉問題的本質。而第2章「**擬定解決對策的假設**」，則是要各位在擬定假設時忘記既有常識。乍聽之下相當簡單，其實頗為困難。畢竟點子沒有那麼好想，而且所想出來的點子大概也都派不上用場。但是只要盡情地活用右腦，其中幾個點子還是可以形成具體的假設。

第3章「**擬定執行方案**」，則是要明確提出願景、幫助實現願景的中期路徑圖，以及從今天開始行動所需的行動方案。如此

▼在假設成為解決對策的過程當中，都還有辦法進行修改。只要不氣餒地重複驗證，一定會得到優良的解決對策

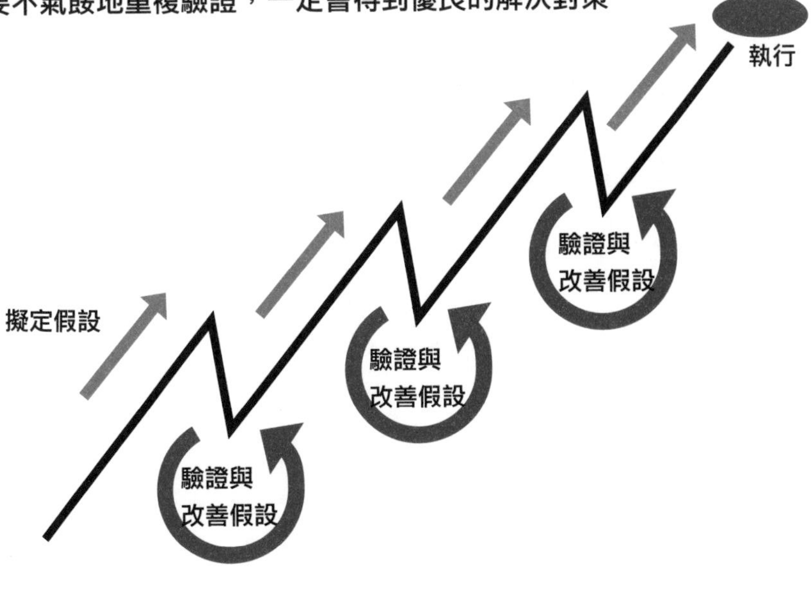
執行
擬定假設
驗證與
改善假設
驗證與
改善假設
驗證與
改善假設

一來，團隊才可以開始行動。

在實際的問題解決上，若是團隊只負責單一專案，約需一至二週的期間去執行上述三個步驟；若是同時身兼數個專案，期間則需拉長為二至四週。

在本章當中，我解說了**驗證假設的PDCA循環**，而這也是在**問題解決當中最曠日廢時、耗費心力的部分**。

剛開始的假設大多都有錯誤，但是只要不斷地改善與修正這些錯誤，就可以逐漸形成良好的解決對策。**犯錯乃是人之常情，若是被挫折感纏身，就無法解決問題了。希望各位可以勇於挑戰，朝向自己的願景邁進**。

隨著問題不同，在這個階段所耗費的時間也會有所不同。具體來說，也就是假設形成合格的解決對策所需的時間。有時候只需二週就能解決問題，有時候卻需要半年左右的不斷嘗試。即便如此，這個階段卻也是在商場打滾的樂趣所在，所以希望各位都可以頑強地面對。如此一來，相信各位的問題最後都能迎刃而解，並成功實現自己的願景。

提升解決問題的能力，這正是一種「成長」。如果只敢面對當下就能解決的問題，害怕失敗，或是只會遵照旁人的指令行事，就永遠不會獲得成長。

只要持續挑戰，各位所能解決的問題層次也會逐漸提升。從自己周遭的問題，到職場問題，乃至於親朋好友的問題，甚至是社會問題，都能夠逐一解決。而解決問題的能力越高，各位也越能夠獲得成長，進而變得更加幸福。

Problem Solving

終章

後來的藏崎帆布

美帆她們終於將所有的試賣品都放上通路販售，究竟新品牌的評價，以及藏崎帆布的命運會如何呢？

多虧各位，終於可以開始償還本金了，
但還是得慢慢還就是了。
美帆，有妳的快遞呢。
！
誰寄的啊？
割開
會不會是米雷小姐啊？
因為她說不好用的話就會寄還給我。
嗯？
Aphrodity
優秀包款特輯
新世代推薦包決定戰
雜誌…？
這裡有夾書籤！
！

哇！
藏崎帆布
優秀美包獎
好讚！居然是跨頁！
Aphrodite
米雷小姐……
謝謝！
居然有跨頁，這可是無名包包難以想像的待遇呢！
也有提到一些缺點，多多參考吧！
哇！
沒想到我們家的包包能登上這種雜誌，真是太開心了！
嗯？
掉落

這是什麼…？
拿起
便條紙？
快推出新作品吧！
米雷
米雷小姐…
颳風
畫畫
畫畫
小愛，妳越來越會畫圖了呢。
嘿嘿
……
感覺就像感情融洽的一家人呢。
美帆姑姑也一起來畫嘛！

好！
畫畫
哇！是包包耶！
這樣如何呢？
哇啊！好棒哦！
希望大家能用我們的包包啊！
難得APHROTITI都介紹我們的包包了，但是營收卻沒有跟著成長，這都是我的責任⋯
妳怎麼這麼說，仗才開始打呢。
只要照著米雷的建議推出新包包，就可以再擴大市場了。
大量買進那本雜誌吧，可以用來宣傳。
啊，對吼！
還有這種方法！

藏崎帆布是有不少問題，
但是這些問題也逐漸獲得解決。
是啊，
顧客也開始認同我們家的品牌，特色就是價格雖高，但是品質也相當優異。
岡田先生的織布體驗課程也大受好評，
感覺可以幫助遏止師傅高齡化的情況。
所有事情都逐漸好轉，
但我有點擔心老爸會老人癡呆啊⋯
不用擔心，
叫我過來的⋯
也是他！
咦咦？
而且柏葉先生他們不是有反對過新社長的方針嗎？
當時也是他幫忙擺平的。
真假？

前社長很煩惱，
他們兩老最擔心的當然就是健大人跟小愛了，
所以他才冒險讓健大人肩負重任，認為這種有些過火的做法最能夠幫助健大人早日振作。
他也請我來協助健大人，
我當然也想幫上健大人的忙囉…
原來如此…
結果一切都在老爸的掌控之中呢。
真琴，未來妳也可以繼續協助我哥嗎？
當然囉，
轉身
不管於公於私…
撲倒
絆

於公就好了啦！
蛤……
真可惜！

好，我知道了！馬上為您出貨！
訂單？
嗯，但是好奇怪，客人都說是在今天發售的APHROTITI上看到，
雜誌不是四五天前就寄來了嗎？
鈴聲
喂？您好。

啊，相田小姐，您要買二十個？咦？五十個!?
啊！
小愛，借我一下！
果然！
健康美顏
新發售 TEA
這本雜誌是今天發售啊！
之前她寄來的是樣書，所以比較早到啊！
鈴聲
鈴聲
你們快去接電話！
鈴聲
鈴聲
APHROTITI
編輯部
總編！
鈴聲
全都是打來問藏崎帆布的包包啊！
鈴聲
是哦，加油吧！
鈴聲

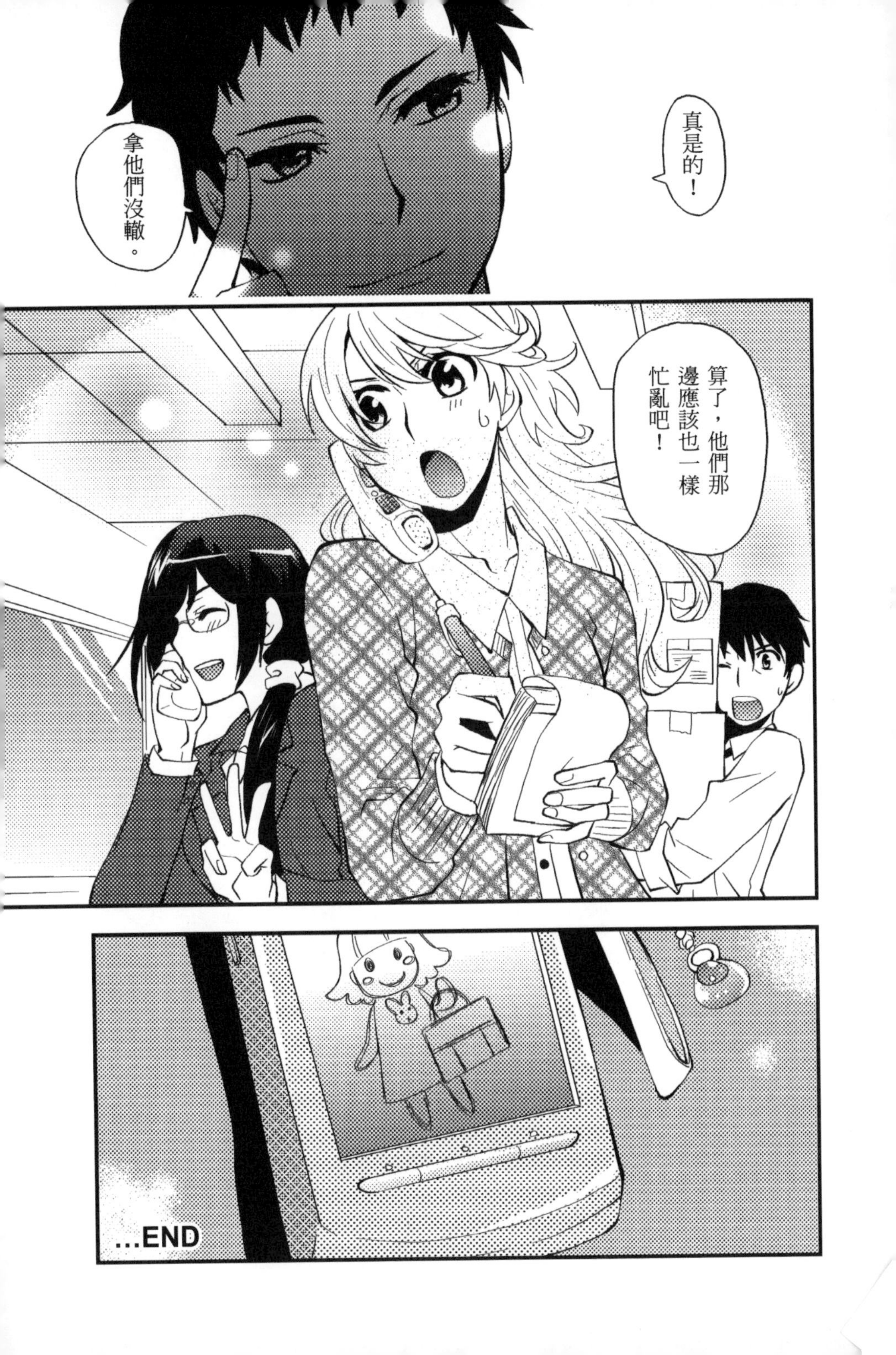
真是的！
拿他們沒轍。
算了，他們那邊應該也一樣忙亂吧！
...END

後記

身體力行的實用技術

本書透過書中故事，向各位介紹「問題解決」的各個步驟。這是嶄新的嘗試，不知各位覺得如何呢？

書中設定的藏崎帆布存在以下諸多問題：

- 亞洲各國的便宜包包流入市面，以致售價被拉低。
- 藏崎帆布作為藏崎市的傳統企業，不能隨意將生產據點移往海外。
- 由於必須確保資金來源，因此只得便宜銷貨。
- 師傅高齡化，生產後繼無力。

但是就真琴看來，這些不過是藏崎帆布的表層問題，根本性的問題還是「沒有打造自己的品牌」。由於沒有自己的品牌，所以才會被亞洲低價商品給纏住，以致無法確保足夠利潤。最後更因此陷入仰賴低價通路的惡性循環，也無法吸引到優秀的年輕人才。

若是沒有真琴，相信藏崎帆布只會一直想要去解決表層問題，進而陷入惡性循環。就像是這樣子，剖析問題本質會是擬定有效解決對策的第一步。

而美帆希望能打造一個以幹練女性為主要客群的女性包包品牌，因此針對包款設計、販售行銷等方法擬定各種假設，並親身驗證假設正確與否。

即便腦海中的解決對策多麼完美，卻總是很難在現實世界裡順利進行。在完成某種程度的解決對策之後，就可以試著實際運用這些假設，藉此驗證假設是否能派上用場。相較於吹毛求疵努力提高解決對策的邏輯性、分析的精確性，這種略顯胡來的做法反而更有效率。在嘗試過程中雖然也會遭遇失敗，卻也將得到全新的發現與假設，並遇見一些關鍵人物。

美帆也擬定了行動方案來驗證假設，即便遭遇失敗也絕不氣餒，持續推動PDCA循環，最後終於成功實現自己的願景，也就是打造全新包包品牌。

如果透過美帆的一連串行動，以及真琴所給出的建議，能夠讓各位理解解決問題的步驟，那麼我想也就達成自己撰寫這本書的目的了。

但光是學會解決問題的步驟，並不代表各位真的具備解決問題的能力。實際運用自身所學來解決問題，才能夠真正將解決問題的能力納為己有。

剛開始，各位可以先從一些貼近生活的小地方開始著手。譬如：改善自己工作的方式、擬定有效運用每天時間的方法、幫助同事和好、規劃與另一半的假期等。

各位並不需要每天都嘗試解決問題，只要在自己有勁時，或是有困擾時再去挑戰就行了。但是在這種時候，務必都要絞盡腦汁，全心全意地進行挑戰。

即便如此，相信各位在一開始仍然會遭遇許多挫折。

但是沒有關係，只要持續嘗試，就會逐漸掌握解決問題的箇中訣竅。即便不斷遭遇失敗，也沒有關係，只要能夠從失敗中學習就好了。

難得各位透過本書學習到解決問題的步驟，也希望各位能夠逐漸將這些技巧活用在解決問題上，進而提升自己解決問題的能力。

相信某一天，各位會突然發現，原本難若登天的問題，突然變得雲淡風輕了。而在這個時候，各位已經是一位足堪重任，備受信賴的人物了。

本書故事是以岡山縣倉敷市的倉敷帆布為樣本撰寫而成。株式會社BAISTONE・倉敷帆布的公關中川美湖小姐百忙中仍接受我的採訪，暢談倉敷帆布的挑戰，由衷感謝她提供如此寶貴的資訊。

以平易近人的漫畫呈現「問題解決」這生硬主題的漫畫家梅屋敷mita、插畫家北田瀧、負責撰寫企畫的環球出版職員長澤久、日本能率管理中心的柏原里美，僅容我以書末篇幅向各位致上由衷感謝，沒有各位的鼎力相助，本書難以問世。

漫畫　解決問題的技術

四大步驟快速通關，一生受用的策略思考也是解決問題最簡單的方法

マンガでやさしくわかる問題解決

作　　者　河瀨 誠
繪　　者　梅屋敷mita
編輯協力　Universal Publishing Co., Ltd.
譯　　者　謝承翰
副總編輯　李映慧
編　　輯　黃婉玉

總 編 輯　陳旭華
電　　郵　ymal@ms14.hinet.net

社　　長　郭重興
發行人兼出版總監　曾大福
出　　版　大牌出版 / 遠足文化事業股份有限公司
發　　行　遠足文化事業股份有限公司
地　　址　23141 新北市新店區民權路108-2號9樓
電　　話　+886- 2- 2218 1417
傳　　真　+886- 2- 8667 1851

印務經理　黃禮賢
封面設計　萬勝安
排　　版　極翔企業有限公司
印　　刷　中原造像印刷股份有限公司
法律顧問　華洋法律事務所 蘇文生律師

定　　價　300 元
初版一刷　2017年08月

國家圖書館出版品預行編目資料

漫畫 解決問題的技術 : 四大步驟快速通關，一生受用的策略思考也是解決問題最簡單的方法 / 河瀨誠著 ; 梅屋敷 mita 繪 ; 謝承翰譯 .
初版 . -- 新北市 : 大牌出版 : 遠足文化發行 , 2017.08 面 ;　公分
譯自 : マンガでやさしくわかる問題解決

ISBN 978-986-95031-1-2 (平裝)

1. 企業管理 2. 思考 3. 漫畫

494.1　　106010394